解 读 地 球 密 码

丛书主编　孔庆友

大 地 之 殇

地质灾害

Geological Disaster
The Misfortune of the Earth

本书主编　方庆海　王集宁

◎ 山东科学技术出版社
·济南·

图书在版编目（CIP）数据

大地之殇——地质灾害 / 方庆海，王集宁主编 .
-- 济南：山东科学技术出版社，2016.6（2023.4 重印）
（解读地球密码）
ISBN 978-7-5331-8347-9

Ⅰ.①大… Ⅱ.①方… ②王… Ⅲ.①地质 –
自然灾害 – 普及读物 Ⅳ.① P694-49

中国版本图书馆 CIP 数据核字 (2016) 第 141392 号

丛书主编 孔庆友
本书主编 方庆海 王集宁

大地之殇——地质灾害
DADI ZHISHANG——DIZHIZAIHAI

责任编辑：焦 卫
装帧设计：魏 然

主管单位：山东出版传媒股份有限公司
出 版 者：山东科学技术出版社
　　　　　地址：济南市市中区舜耕路 517 号
　　　　　邮编：250003 电话：（0531）82098088
　　　　　网址：www.lkj.com.cn
　　　　　电子邮件：sdkj@sdcbcm.com
发 行 者：山东科学技术出版社
　　　　　地址：济南市市中区舜耕路 517 号
　　　　　邮编：250003 电话：（0531）82098067
印 刷 者：三河市嵩川印刷有限公司
　　　　　地址：三河市杨庄镇肖庄子
　　　　　邮编：065200 电话：（0316）3650395

规格：16 开（185 mm×240 mm）
印张：6.5 字数：125 千
版次：2016 年 6 月第 1 版 印次：2023 年 4 月第 4 次印刷
定价：35.00 元

审图号：GS（2017）1091 号

普及地质科学知识
提高民族科学素质

李廷栋
2016年元月

传播地学知识，弘扬科学精神，
践行绿色发展观，为建设
美好地球村而努力。

翟裕生
2015年10月

贺　词

　　自然资源、自然环境、自然灾害，这些人类面临的重大课题都与地学密切相关，山东同仁编著的《解读地球密码》科普丛书以地学原理和地质事实科学、真实、通俗地回答了公众关心的问题。相信其出版对于普及地学知识，提高全民科学素质，具有重大意义，并将促进我国地学科普事业的发展。

国土资源部总工程师

　　编辑出版《解读地球密码》科普丛书，举行业之力，集众家之言，解地球之理，展齐鲁之貌，结地学之果，蔚为大观，实为壮举，必将广布社会，流传长远。人类只有一个地球，只有认识地球、热爱地球，才能保护地球、珍惜地球，使人地合一、时空长存、宇宙永昌、乾坤安宁。

山东省国土资源厅副厅长

编著者寄语

★ 地学是关于地球科学的学问。它是数、理、化、天、地、生、农、工、医九大学科之一，既是一门基础科学，也是一门应用科学。

★ 地球是我们的生存之地、衣食之源。地学与人类的生产生活和经济社会可持续发展紧密相连。

★ 以地学理论说清道理，以地质现象揭秘释惑，以地学领域广采博引，是本丛书最大的特色。

★ 普及地球科学知识，提高全民科学素质，突出科学性、知识性和趣味性，是编著者的应尽责任和共同愿望。

★ 本丛书参考了大量资料和网络信息，得到了诸作者、有关网站和单位的热情帮助和鼎力支持，在此一并表示由衷谢意！

科学指导

李廷栋　中国科学院院士、著名地质学家
翟裕生　中国科学院院士、著名矿床学家

编著委员会

主　任	刘俭朴	李　琥			
副主任	张庆坤	王桂鹏	徐军祥	刘祥元	武旭仁	屈绍东
	刘兴旺	杜长征	侯成桥	臧桂茂	刘圣刚	孟祥军
主　编	孔庆友				

副主编　张天祯　方宝明　于学峰　张鲁府　常允新　刘书才

编　委（以姓氏笔画为序）

卫　伟	方　明	方庆海	王　经	王世进	王光信
王怀洪	王来明	王学尧	王德敬	冯克印	左晓敏
石业迎	刘小琼	刘凤臣	刘洪亮	刘海泉	刘继太
刘瑞华	吕大炜	吕晓亮	孙　斌	曲延波	朱友强
邢　锋	邢俊昊	吴国栋	宋志勇	宋明春	宋香锁
宋晓媚	张　峰	张　震	张永伟	张作金	张春池
张增奇	李　壮	李大鹏	李玉章	李金镇	李勇普
李香臣	杜圣贤	杨丽芝	陈　军	陈　诚	陈国栋
范士彦	郑福华	侯明兰	姚春梅	姜文娟	祝德成
胡　戈	胡智勇	贺　敬	赵　琳	赵书泉	郝兴中
郝言平	徐　品	郭加朋	郭宝奎	高树学	高善坤
梁吉坡	董　强	韩代成	潘拥军	颜景生	戴广凯

书稿统筹　宋晓媚　左晓敏

目 录
CONTENTS

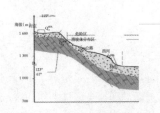

地质灾害对人类的危害/52

地质灾害的发生往往毁坏基础设施、农田，并造成人员伤亡，给当地工农业生产以及人民生命财产带来巨大损失，特别是崩塌、滑坡、泥石流等突发性地质灾害，往往产生毁灭性的灾难。

Part 4 地质灾害应急

临灾前兆/61

像地震等自然灾害一样，突发性地质灾害在发生前亦表现出各种各样的临灾特征，包括声音、气味、地下水等异常现象，为人类监测和及时预测地质灾害的发展、发生提供了宝贵的信息。

应急处置/63

临灾或灾后应急处置是确保人民群众生命财产安全的重要举措，根据灾害类型、等级、处置要求和指挥权限，第一时间启动应急预案，统一组织、指挥、协调、调度专业救援队伍及相关应急力量和资源，采取措施应急处置。

临灾处置/67

为紧急避险，地质灾害高发区的居民要在专业技术人员的指导下，在县、乡、村有关部门的配合下，事先选定地质灾害临时避灾场地、提前确定安全的撤离路线、临灾撤离信号等，有时还要做好必要的防灾物资储备。

避险自救/69

  针对不同类型的地质灾害，制定应急措施，组织受灾群众开展地质灾害应急演练。国内外救灾实践一再证明，提高公众灾害风险识别感知水平和避险自救能力，是有效保障人民生命财产安全的重要途径，可最大限度地挽救生命、减少伤亡和损失。

Part 5 地质灾害防治

地质灾害调查/73

  本着地质灾害"预防为主、防治结合"的原则，开展详细地质灾害调查，及时发现、识别和判定地质灾害隐患点、类型、规模、影响范围、稳定性和发展趋势，为地质灾害防治提供依据。

地质灾害防治规划/76

  地质灾害防治规划是预防和治理地质灾害的长远计划，明确各行政区地质灾害防治的目标，各时期的工作重点，各地、各部门的职责，应该采取的主要措施和方法，一定时期内需重点发展的防灾技术手段等，由当地政府组织实施。

地质灾害防治预案/78

  地质灾害防治预案是防灾减灾的关键，包括重大地质隐患点防灾预案、突发性地质灾害防灾预案、年度地质灾害防治预案等，建立地质灾害预报制度、三查制度和两卡发放制度，是落实各类地质灾害防治预案的保障。

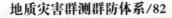

地质灾害群测群防体系/82

地质灾害群测群防体系是充分发挥群众力量，通过开展宣传培训、建立防灾制度等手段，对突发性地质灾害前兆和动态进行调查、巡查和简易监测，实现对灾害的及时发现、快速预警和有效避让的一种主动减灾措施。

地质灾害监测/84

针对地质灾害隐患点的类型、规模和危险性，制定专业或简易监测方案，明确地质灾害监测措施、内容、时间、仪器、人员、监测资料的分析与汇交，并建立地质灾害险情速报制度。

地质灾害治理/87

对易于治理或无法实施搬迁避让的地质灾害隐患点，针对性地采取工程、生物或两者相结合的措施，彻底消除或减轻地质灾害隐患。崩、滑、流等突发性地质灾害宜从水土保持入手，采取综合治理措施。

参考文献/90

Part 1 了解地质灾害

　　地质灾害是自然灾害的主要类型之一。随着人类工程活动规模和强度的不断增大，地质灾害发生的频率越来越高，影响的范围越来越大，造成的危害越来越重。尤其是在一些地质环境脆弱的区域，地质灾害已成为影响和制约当地经济社会发展的突出问题。

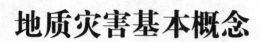

地质灾害基本概念

地质灾害是指由自然因素或人类活动引发的危害人民生命和财产安全的地质现象。也就是说，只有其结果造成人民生命和财产损失才是地质灾害，否则就是单纯的地质事件。就其成因而论，主要由自然变异导致的地质灾害称为自然地质灾害，主要由人类活动引发的地质灾害称为人为地质灾害。就地质环境或地质体变化的速度而言，可分为突发性地质灾害与缓变性地质灾害。

地质灾害隐患点是指地表岩土体在自然和人为因素作用下，可能演变成地质灾害的地点。

地质灾害隐患区是指具备地质灾害发生的地质构造、地形地貌和气象条件，易发生地质灾害的区域。

地质灾害危险区是指明显可能发生地质灾害且将可能造成较多人员伤亡和严重经济损失的区域（图1-1，图1-2，图1-3）。

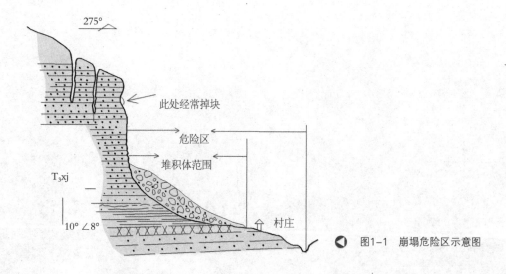

图1-1　崩塌危险区示意图

——地学知识窗——

地 震

地震是地壳快速释放能量过程中造成震动，期间会产生地震波的一种自然现象。强烈地震发生后，往往诱发包括地质灾害在内的一系列次生灾害。

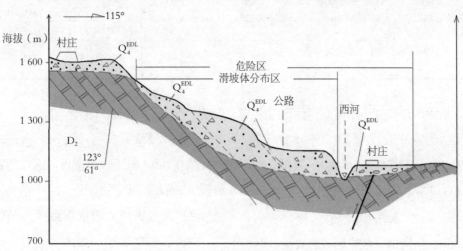

▲ 图1-2　滑坡危险区示意图

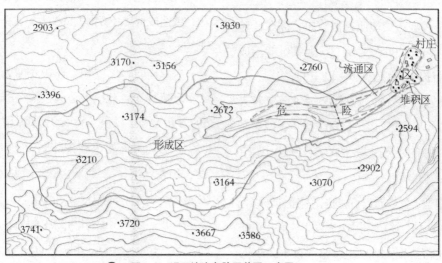

▲ 图1-3　泥石流沟危险区范围示意图

表1-1　　　　　　　　　　　　　　地质灾害规模分级一览表

分级类别		分级标准	级别			
			特大	大	中	小
规模分级	崩塌（危岩）	$10^4 m^3$	>100	100~10	10~1	<1
	滑坡	$10^4 m^3$	>1 000	1 000~100	100~10	<10
	泥石流	$10^4 m^3$	>100	100~10	10~1	<1
	地面塌陷	km^2	>10	10~1	10~0.1	<0.1
	地裂缝	长>1 km时宽度（m）	>20	20~10	10~3 <1 km20~10	<3 <1 km<10
	地面沉降	km^2	>500	500~100	100~10	<10
		最大累计沉降量（m）	>1.0	1.0~0.5	0.5~0.1	<0.1

地质灾害规模分级依据发生体积的大小，划分为特大型、大型、中型和小型等四个规模等级，不同类型地质灾害，规模分级的体积大小界限不一，具体参见地质灾害规模分级一览表（表1-1）。

地质灾害险情分级依据威胁人员、财产的大小，分为四个等级：

特大型：受地质灾害威胁，需搬迁转移人数在1 000人（含）以上或可能造成的经济损失1亿元（含）以上的；

大型：受地质灾害威胁，需搬迁转移人数在500人（含）以上1 000人以下，或潜在可能造成的经济损失5 000万元（含）以上1亿元以下的；

中型：受地质灾害威胁，需搬迁转移人数在100人（含）以上500人以下或潜在可能造成的经济损失500万元（含）以上5 000万元以下的。

小型：受地质灾害威胁，需搬迁转移人数在100人以下或潜在可能造成的经济损失500万元以下的。

地质灾害灾情分级依据造成人员伤亡、经济损失的大小，分为四个等级：

特大型：因灾死亡和失踪30人（含）以上，或造成直接经济损失1 000万元（含）以上的；

大型：因灾死亡和失踪10人（含）以上、30人以下，或因灾造成直接经济损失500万元（含）以上、1 000万元以下的；

中型：因灾死亡和失踪3人（含）以上、10人以下，或者直接经济损失100万元（含）以上、500万元以下的；

小型：因灾死亡和失踪3人以下，或者直接经济损失100万元以下的。

地质灾害类型

地质灾害分类，根据2004年国务院颁发的《地质灾害防治条例》规定，常见的地质灾害主要指危害人民生命和财产安全的崩塌、滑坡、泥石流、地面塌陷、地裂缝、地面沉降等六种与地质作用有关的灾害（图1-4）。

崩塌是指陡坡上的岩体或者土体在重力作用下，突然脱离山体发生崩落、滚动，堆积在坡脚或沟谷的地质现象（图1-5）。崩塌又称崩落、垮塌或塌方。大小不等，零乱无序的岩块（土块）呈锥状堆积在坡脚的堆积物称为崩积物，也称为岩堆或倒石堆（图1-6，图1-7，图1-8）。

危岩体是指位于陡峭山坡上、被裂缝分开的块石，这些块石有的规模很大，有的只是陡坡上的一块孤石（图1-9）。危岩体受到震动或暴雨影响，可能从陡峭的山坡上坠落；有时刮大风也可能把不稳定的孤石吹落下来。

崩塌主要类型，按崩塌体的物质组成可以分为两大类：一是产生在土体中的称为土崩；二是产生在岩体中的称为岩崩。

当崩塌的规模巨大，涉及山体者，又俗称山崩；当崩塌产生在河流、湖泊或海岸上时，称为岸崩。

根据运动方式，崩塌包括倾倒、坠落（图1-10）、垮塌等类型。

滑坡是指斜坡上的土体或岩体，受河流冲刷、地下水活动、地震及人工切坡等因素的影响，在重力的作用下，沿着一

图1-4 地质灾害类型

——地学知识窗——

气象灾害

气象灾害是指大气对人类的生命财产、国民经济建设和国防建设等造成的直接或间接的损害。有些气象灾害，如暴雨往往会诱发崩塌、滑坡、泥石流等地质灾害。

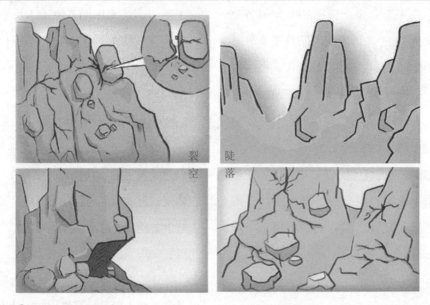

裂空　陡落

▲ 图1-5　崩塌过程四要素示意图

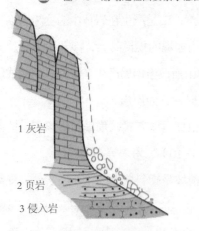

1 灰岩

2 页岩

3 侵入岩

▲ 图1-6　崩塌示意图

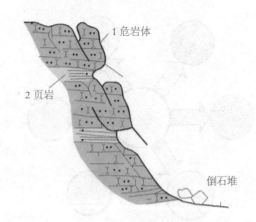

1 危岩体

2 页岩

倒石堆

◀ 图1-7　怪坡崩塌

◀ 图1-8　老虎嘴崩塌

◀ 图1-9　危岩体（危险块石），随时可能崩落

图1-10　坠落型崩塌

定的软弱面或软弱带，整体地或分散地顺坡向下滑动的地质现象（图1-11）。俗称"地滑""走山""垮山""山剥皮""土溜"等。滑坡根据其滑体的物质组成，可分为堆积层滑坡、黄土滑坡、黏性土滑坡、岩层（岩体）滑坡和填土滑坡（图1-12，图1-13，图1-14）。

按照滑体体积大小，可分为巨型滑坡（＞1 000万m³），大型滑坡（100万~1 000万m³），中型滑坡（10万~100万m³），小型滑坡（＜10万m³）。

图1-11　滑坡的组成要素

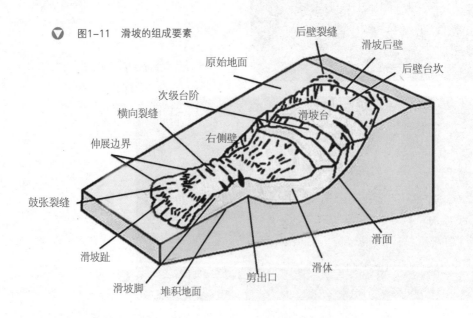

后壁裂缝

滑坡后壁

原始地面

后壁台坎

次级台阶

横向裂缝

滑坡台

伸展边界

右侧壁

鼓张裂缝

滑面

滑坡趾

滑坡脚　堆积地面　　剪出口　　滑体

▲ 图1-12 滑坡过程（裂、蠕、滑、稳）示意图

▲ 图1-13 滑坡毁坏农房，造成人员伤亡

图1-14　水帘峡滑坡

——地学知识窗——

滑坡与崩塌的区别

（1）崩塌发生之后，崩塌物常堆积在山坡脚，呈锥形体，结构零乱，毫无层序；而滑坡堆积物常具有一定的外部形状，滑坡体的整体性较好，反映出层序和结构特征。也就是说，在滑坡堆积物中，岩体（土体）的上下层位和新老关系没有多大的变化，仍然是有规律地分布。

（2）崩塌体完全脱离母体（山体），而滑坡体则很少是完全脱离母体的，多是部分滑体残留在滑床之上。

（3）崩塌发生之后，崩塌物的垂直位移量远大于水平位移量，其重心位置降低了很多；而滑坡则不然，通常是滑坡体的水平位移量大于垂直位移。多数滑坡体的重心位置降低不多，滑动距离却很大。同时，滑坡下滑速度一般比崩塌缓慢。

（4）崩塌堆积物表面基本上不见裂缝分布。而滑坡体表面，尤其是新发生的滑坡，其表面有很多具有一定规律性的纵横裂缝。比如：分布在滑坡体上部（也就是后部）的弧形拉张裂缝；分布在滑坡体中部两侧的剪切裂缝（呈羽毛状）；分布在滑坡体前部的鼓张裂缝，其方向垂直于滑坡方向，即受压力的方向；分布在滑坡体中前部，尤其是以滑坡舌部为多的扇形张裂缝，或者称为滑坡前缘的放射状裂缝。

滑坡、崩塌与泥石流的关系也十分密切，易发生滑坡、崩塌的区域也易发生泥石流，只不过泥石流的暴发多了一项必不可少的水源条件。再者，崩塌和滑坡的物质经常是泥石流的重要固体物质来源。滑坡、崩塌还常常在运动过程中直接转化为泥石流，或者滑坡、崩塌发生一段时间后，其堆积物在一定的水源条件下生成泥石流。即泥石流是滑坡和崩塌的次生灾害。泥石流与滑坡、崩塌有着许多相同的促发因素。

泥石流由暴雨、冰雪融水或库塘溃坝等水源激发，使山坡或沟谷中的固体堆积物混杂在水中沿山坡或沟谷向下游快速流动，并在山坡坡脚或出山口的地方堆积下来，就形成了泥石流（图1-15）。泥石流经常突然暴发，来势凶猛，沿着陡峻的山沟奔腾而下，山谷犹如雷鸣，可携带巨大的石块，在很短时间内将大量泥沙石块冲出沟外，破坏性极大，常常给人类生命财产造成很大危害。

泥石流主要类型按流域的沟谷地貌形态可分为沟谷型泥石流和山坡型泥石流。

沟谷型：沿沟谷形成，流域呈现狭长状，规模大（图1-16，图1-18）。

山坡型：为坡面地形，沟短坡陡，规模小（图1-17，图1-19）。

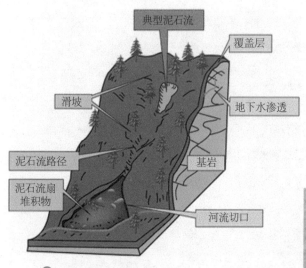

典型泥石流

覆盖层

滑坡

地下水渗透

泥石流路径

基岩

泥石流扇堆积物

河流切口

▲ 图1-15　典型泥石流示意图

▶ 图1-16　勤村吕庄泥石流

地面塌陷是指地表岩、土体在自然或人为因素作用下向下陷落，并在地面形成塌陷坑（洞）的一种动力地质现象。由于其发育的地质条件和作用因素的不同，地

——地学知识窗——

滑坡灾害发生时，正在山体上怎么办？

保持冷静，不能慌乱。尽量向滑坡的两侧跑。滑坡体整体快速滑动时，可以原地不动或抱住大树等物。

▲ 图1-17 东山泥石流

——地学知识窗——

暴雨时怎样防范泥石流？

当前三日及当天的降雨累计达到100毫米左右时，处于危险区内的人员应撤离；当听到沟内有轰鸣声或河水上涨或突然中断时，应意识到泥石流马上就要发生，应立即采取逃生措施；逃生时不要顺沟向上游或向下游跑，应向沟岸两侧的山坡跑，但不要停留在凹坡处。

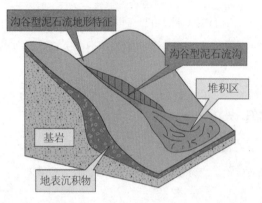

沟谷型泥石流地形特征

沟谷型泥石流沟

堆积区

基岩

地表沉积物

图1-18 沟谷型泥石流

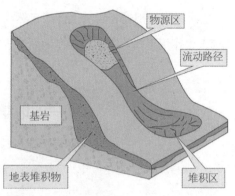

物源区

流动路径

基岩

地表堆积物

堆积区

图1-19 坡面型泥石流

面塌陷可分为采空塌陷（图1-20）、岩溶塌陷和第四系塌陷等。

采空塌陷：是由于地下矿体被采出，悬空的地表岩层在重力作用下发生弯曲变形乃至陷落的现象（图1-21至图1-25）。

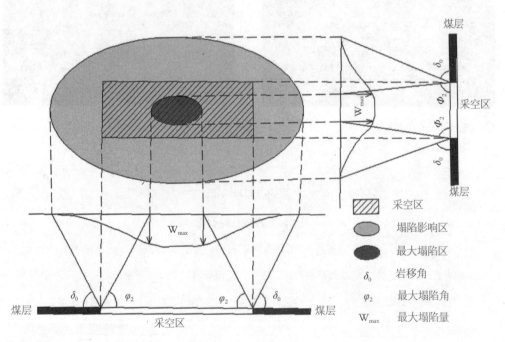

煤层

采空区

煤层

δ_0

φ_2

φ_2

δ_0

W_{max}

煤层

δ_0　φ_2

φ_2　δ_0

采空区

煤层

	采空区
	塌陷影响区
	最大塌陷区
δ_0	岩移角
φ_2	最大塌陷角
W_{max}	最大塌陷量

图1-20 采空塌陷地表移动盆地示意图

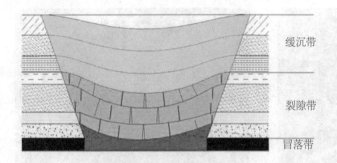

缓沉带

裂隙带

冒落带

◀ 图1-21 采空区上覆岩层
运动规律示意图

⬆ 图1-22 石膏矿采空塌陷

⬆ 图1-23 石膏矿区塌陷地受损公路和塌陷坑积水

▲ 图1-24 金矿采空塌陷

▲ 图1-25 采煤塌陷常年积水区

岩溶塌陷：指岩溶地区下部可溶岩层中的溶洞或上覆土层中的土洞，因自身洞体扩大或在自然与人为因素影响下，顶板失稳产生的塌落或沉陷（图1-26至图1-29）。

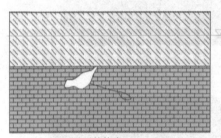

天然状态

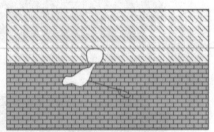

水位下降　土洞形成

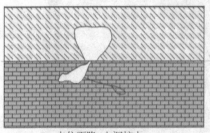

水位下降　土洞扩大

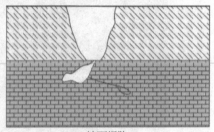

地面塌陷

▲ 图1-26 岩溶塌陷形成过程示意图

图1-27　羊娄岩溶塌陷

图1-28　西泉河村岩溶塌陷

图1-29　王家寨村岩溶塌陷

岩溶塌陷基本上分为三种类型：

一是饱和松散层（粉土、砂、砾石）"漏失"型，即饱和松散层在地下水位变化过程中发生潜蚀—液化，直接漏失到岩溶空洞中，造成地面塌陷。此类塌陷规模大，突发性强，危害最大。

二是"土洞塌陷型"，即黏性土（多为Q3-Q2老黏性土）在土岩界面上长期受地下水潜蚀而形成土洞。当土洞顶板土层厚度减小到不能自撑时，受某种触发因素（强降雨、抽水或打桩、爆破震动或地震）作用产生塌陷。此种塌陷一般规模不大，地表陷坑直径为几米至十几米，数量取决于土洞数目。

三是"真空吸蚀塌陷型"，无论是饱和粉土、砂、砾石覆盖层，还是黏性土覆盖层，都可能在岩溶地下水位急剧、大幅度下降过程中，由于真空负压作用而发生地面塌陷。在自然条件下很少发生地下水急剧、大幅度下降过程，而多半是人为活动（抽水或矿井排水）引起的。如湖北应城的汤池温泉，在石灰岩中抽取热水时，当水位降至土岩界面以下一定深度便发生了地面塌陷。

第四系塌陷：是由于自然和人为因素的共同作用，使地面水动力条件改变而诱发的地表土层塌陷。山东省第四系塌陷主要分布在聊城、菏泽、东营等地（图1-30）。

地面沉降又称为地面下沉或地陷。它是在人类经济活动影响下，由于地下松散地层固结压缩，导致地壳表面标高降低的一种局部的下

图1-30　第四系塌陷

降运动（或工程地质现象）（图1-31）。

地裂缝是地球内部的内营力（地壳运动、岩浆活动、地热传递等产生的力）和外营力（地球表面的重力作用、气候变化、流水作用、波浪与潮汐、化学作用和人为工程活动等产生的力）作用于岩层、土体，使之沿一定的方向破裂，在地面上形成一定长度和宽度裂缝的地质现象（图1-32）。

地裂缝主要类型，按形成的裂缝的力学性质可分为：压性地裂缝、张性地裂缝、剪切性地裂缝、压剪性地裂缝、张剪性地裂缝。按地裂缝成因类型可分为：地震地裂缝、火山地裂缝、构造蠕变地裂缝、膨胀土地裂缝、崩塌地裂缝、滑坡地裂缝等。

图1-32 地裂缝

图1-31 地面沉降引起的雨后积水

地质灾害成因

地质灾害都是在一定的动力诱发（破坏）下发生的。诱发动力有的是自然的，有的是人为的，或兼而有之。自然地质灾害发生的地点、规模和频度受自然地质条件控制，人为地质灾害则受人类工程活动的制约。

形成崩塌、滑坡、泥石流的内在条件如表1-2所示。

表1-2　　　　　　　　　　　形成崩塌、滑坡、泥石流的内在条件一览表

内在条件	崩塌	滑坡	泥石流
地形地貌	坡度大于45°的高陡边坡，孤立山嘴或凹形陡坡均为崩塌形成的有利地形。如江、河、湖（岸）、沟的岸坡，山坡、铁路、公路边坡，工程建筑物的边坡等	前缘开阔的山坡、建设施工的边坡等是易发生滑坡的地貌部位。坡度大于10°，小于45°，下陡中缓上陡、上部成环状的坡形是产生滑坡的有利地形	沟谷上游地形多为三面环山，一面出口的瓢状或漏斗状，周围山高坡陡；沟谷中游地形多为峡谷，沟底纵向坡降大；沟谷下游出山口的地形开阔平坦，便于物质堆积
岩土类型	坚硬的岩石和结构密实的黄土容易形成规模较大的岩崩，软弱的岩石及松散土层往往以坠落和剥落为主	结构松散、抗风化能力较低，在水的作用下其性能发生变化的岩、土，软硬相间的岩层所构成的斜坡易发生滑坡	沟谷斜坡表层有厚度较大的松散土石堆积物。人类工程活动，也为泥石流提供大量的物质来源
地质构造	坡体中的裂隙越发育，与坡体延伸方向近乎平行的陡倾角构造面最有利于崩塌的形成	各种节理、裂隙、层面、断层发育的斜坡，特别是当平行和垂直斜坡的陡倾角构造面及顺坡缓倾的构造面发育时，最易发生滑坡	岩层结构疏松软弱、易于风化、节理发育

形成地面塌陷地面沉降地裂缝的内在条件

如表1-3所示。

表1-3　　　　　　　　　　　形成地面塌陷地面沉降地裂缝的内在条件一览表

灾种		内在条件
地面塌陷	采空塌陷	具备可开采的地下固体矿产资源
	岩溶塌陷	具有一定厚度的黏性土层、饱和松散层（粉土、砂、砾石）；具备可溶性层且岩溶发育；地下水丰富
地面沉降		新构造运动；强烈地震及海平面上升；欠固结地层；第四纪沉积厚度大，固结程度差，颗粒细，层次多，压缩性高；地下水含水层多，补给径流条件差
地裂缝		地壳活动；地层中有膨胀土或淤泥质软土；地表水或地下水的冲刷、潜蚀、软化和液化作用

诱发地质灾害的外界因素

如表1-4所示。

表1-4　　　　　　　　　　　诱发地质灾害的外界因素一览表

灾种		外在因素
崩塌		地震、融雪、降雨、地表水冲刷、浸泡、不合理的人类活动〔开挖坡脚，地下采空、水库蓄水、泄水、堆（弃）渣填土等〕。其他如冻胀、昼夜温度变化等也会诱发崩塌
滑坡		地震、降雨和融雪、地表水的冲刷、浸泡、不合理的人类工程活动〔开挖坡脚、坡体上部堆载、爆破、水库蓄（泄）水、矿山开采等〕。还有海啸、风暴潮、冻融等作用也可诱发滑坡
泥石流		暴雨、冰雪融水和水库（池）溃决、堆载、爆破、地震是诱发泥石流的外界因素
地面塌陷	采空塌陷	大规模开采的地下固体矿产资源，且顶板管理方式为自然冒落
	岩溶塌陷	强降雨、抽水或矿井排水、打桩、爆破震动或地震
地面沉降		诱发地面沉降的外界因素为：大量抽取地下气、液体，建设大面积地面建筑群，固体矿床开采等
地裂缝		气候的干、湿变化，过量开采地下水、矿山开采活动

地质灾害发生的时间规律

如表1-5所示。

表1-5   地质灾害发生的时间规律一览表

灾种		时间规律
崩塌		降雨过程之中或稍滞后。这是出现崩塌最多的时间；强烈地震或余震过程之中；开挖坡脚过程之中或滞后一段时间；水库蓄水初期及河流洪峰期；强烈的机械震动及大爆破之后
滑坡		（1）同时性：有些滑坡受诱发因素的作用后，立即活动。如强烈地震、暴雨、海啸、风暴潮等发生时和不合理的人类活动，如开挖、爆破等，都会有大量的滑坡出现。 （2）滞后性：有些滑坡发生时间稍晚于诱发作用因素的时间。这种滞后性规律在降雨诱发型滑坡中表现最为明显，该类滑坡多发生在暴雨、大雨和长时间的连续降雨之后，滞后时间的长短与滑坡体的岩性、结构及降雨量的大小有关。一般讲，滑坡体越松散、裂隙越发育、降雨量越大，则滞后时间越短。由人为活动因素诱发的滑坡的滞后时间的长短与人类活动的强度大小及滑坡的原先稳定程度有关。人类活动强度越大、滑坡体的稳定程度越低，则滞后时间越短
泥石流		（1）季节性：泥石流的暴发主要受连续降雨、暴雨，尤其是特大暴雨等集中降雨的激发。因此，泥石流发生的时间规律与集中降雨时间规律相一致，具有明显的季节性。一般发生于多雨的夏秋季节 （2）周期性：泥石流的发生受雨洪、地震的影响，而雨洪、地震总是周期性地出现。因此，泥石流的发生和发展也具有一定的周期性，且其活动周期与雨洪、地震的活动周期大体一致。当雨洪、地震两者的活动周期相叠加时，常常形成一个泥石流活动周期的高潮 （3）泥石流的发生，一般是在一次降雨的高峰期，或是在连续降雨稍后
地面塌陷	采空塌陷	煤矿采空塌陷一般在形成采空区45天后地面开始发生塌陷，1年半内为快速塌陷期，5年后基本稳沉，15~20年趋于稳定。其他矿山的采空塌陷从形成采空区到地面塌陷时间上具有不确定性
	岩溶塌陷	强降雨、地下水水位剧烈波动易产生塌陷，打桩、爆破震动或地震时也容易产生岩溶塌陷
	第四系塌陷	一般出现在强降雨过后
地面沉降		地面沉降一般在大量开采深层承压水并形成持续下降的地下水漏斗后，开始发生沉降，其下沉速率缓慢，难以察觉。在同一沉降区域内存在一处或多处沉降中心，沉降中心的位置和沉降量与地下流体开采点的分布和开采量密切相关
地裂缝		构造地裂缝与构造活动同时发生，伴生地裂缝与地面塌陷、地面沉降、崩塌、滑坡等同时发生，鼓胀土或淤泥质软土引发的地裂缝一般在气候干旱、持续降水后发生

地质灾害概览

地质灾害广泛分布于世界上多数国家。由于地质灾害具有隐蔽性、破坏性和突发性，重大地质灾害给人们的生命财产造成严重危害，破坏资源和环境，对灾区经济社会发展产生广泛而深刻的影响。

世界重大地质灾害

近十几年来，世界范围内发生了一系列的重大地质灾害，给人们的生命财产造成了极大损失。

1. 菲律宾莱特岛南部圣博纳德镇昆萨胡贡村特大滑坡

2006年2月17日上午10时45分，菲律宾莱特岛南部圣博纳德镇昆萨胡贡村发生特大滑坡灾难，造成约1 221人丧生或失踪（滑前常住人口约3 000人）。灾难发生时，村里的一所小学（253名学生）正在上课，全体师生均被滑坡体埋没，估计有375栋房屋被掩埋。褐色的滑坡土石影响面积约1 km²，土石堆积高度6~10 m（图2-1）。

◀ 图2-1 菲律宾昆萨胡贡村滑坡掩埋房屋

▶ 图2-2 阿富汗东北部巴达赫尚省滑坡现场

2.阿富汗东北部巴达赫尚省滑坡

2014年5月2日，阿富汗东北部巴达赫尚省发生山体滑坡。造成至少2 100人死亡，数百人失踪（图2-2）。

3.印尼首都雅加达南部地区滑坡

2010年2月23日，印尼首都雅加达南部地区，因连日暴雨发生山体滑坡。一个茶园种植园被埋，造成至少15人死亡、57

人失踪（图2-3）。

4.印度西部马哈拉施特拉邦滑坡和泥石流

2014年7月30日，印度西部马哈拉施特拉邦因持续暴雨发生山体滑坡和泥石流，其中浦那区的一村庄遭受泥石流侵袭，近50座房屋被掩埋，92人遇难（图2-4）。

🔺 图2-3　印尼雅加达遭遇滑坡袭击

🔺 图2-4　印度马哈拉施特拉邦泥石流冲毁的房屋

5. 尼泊尔辛杜帕尔乔克县泥石流

2014年8月2日，尼泊尔北部辛杜帕尔乔克县发生山体滑坡与泥石流灾害。坍塌的山体将一条河流拦腰截断，4个村庄几乎全部被掩埋，约130栋房屋彻底被毁，致156人死亡，直接财产损失达数百万美元（图2-5）。

6. 日本广岛市北部泥石流

2014年8月20日凌晨，日本广岛市北部遭受了1小时内超过100 mm的强降雨，导致发生大范围的泥石流。造成39人死亡，7人下落不明（图2-6）。

◀ 图2-5　尼泊尔辛杜帕尔乔克县泥石流现场

▲ 图2-6　日本广岛市北部泥石流

7. 美国西北部华盛顿州泥石流

2014年3月23日，美国华盛顿州暴雨引发泥石流，造成8人死亡、18人失踪。泥石流还埋没不少房屋和汽车，废墟和泥浆深约4.6 m（图2-7）。

 图2-7 美国华盛顿州被泥石流冲垮的房屋

我国地质灾害

我国是世界上地质灾害最严重的国家之一，灾种齐全、分布广泛、活动频繁、危害严重。东部地区以地面沉降为主，华北、华南地区地面塌陷十分严重，西部地区则以崩塌、滑坡、泥石流为主。

据统计，全国共发育有特大型崩塌51处、滑坡140处、泥石流149处；较大型崩塌2 984处以上、滑坡2 212处以上、泥石流2 277处以上。

全国共有46个大、中城市出现了地面沉降问题，总面积达4.87万km²。17省

（区、市）出现地裂缝共434处，1 073条以上，总长超过346.78 km。

全国岩溶塌陷总数为2 841处，塌陷坑有33 192个，塌陷面积为332.28 km²。

在全国20个省区内，共发生采空塌陷180处以上，塌坑超过1 595个，塌陷面积大于1 150 km²。

在我国8个黄土分布省区，仅河南省黄土塌陷面积就达4.53 km²。

1. 云南省彝良县龙海乡镇河村滑坡

2012年10月4日8时10分，云南省彝良县龙海乡镇河村发生滑坡灾害，造成19人遇难（田头小学学生18人；当地村民1人），1人受伤。损毁教室3间，民房9间。灾害发生原因：①地形高陡；②斜坡物质松散；③持续降雨，降水量累计达到297.3 mm；④"9.7"地震Ⅵ度区（图2-8）。

▲ 图2-8　云南省彝良县龙海乡镇河村发生滑坡

——地学知识窗——

堰塞湖

堰塞湖是指由地震等原因引起的山崩滑坡体，堵截河谷或河床后贮水而形成的湖泊。

堰塞湖形成后，河水水位如果不断上升，就极有可能溃坝，冲没下游沿岸城镇和村庄，造成危害。

2. 长江西陵峡兵书宝剑峡出口新滩镇新滩滑坡

1985年6月12日凌晨，长江西陵峡兵书宝剑峡出口新滩镇一带发生巨型滑坡。滑坡涌浪爬坡高49 m，击毁击沉木船64只、小型机动船13艘，造成船上13人死亡，长江断航12天（图2-9）。

▲ 图2-9　长江西陵峡兵书宝剑峡口新滩镇新滩滑坡

3. 云南省昭通市盘河乡头寨沟村特大山体滑坡

1991年9月23日18时10分，云南省昭通市盘河乡头寨沟村发生特大山体滑坡，滑移距离3.65 km，滑坡造成216人死亡，8人受伤，毁坏房屋202间，300头大牲畜被埋，掩埋农田300余亩（图2-10）。

▶ 图2-10 云南省昭通市盘河乡头寨沟村特大山体滑坡

4. 甘肃省陇南成昆线徽县车站崩塌

5·12汶川地震引起甘肃省陇南成昆线徽县车站1号崩塌体堵断嘉陵江，上下游水位差10 m。3号崩塌体砸坏车头引起燃烧，2人受伤（图2-11）。

5. 四川省安县至高川乡公路老虎嘴崩塌

5·12汶川地震，引发安县至高川乡公路老虎嘴崩塌，造成滞留车辆，120多人死亡（图2-12，图2-13）。

🔺 图2-11 甘肃省陇南成昆线徽县车站崩塌

🔻 图2-13 安县至高川乡公路老虎嘴崩塌底部落石

🔺 图2-12 安县至高川乡公路老虎嘴崩塌危岩体

6. 贵州省纳雍县中岭镇左家营村岩脚组崩塌

2004年12月3日, 贵州省纳雍县中岭镇

左家营村岩脚组崩塌, 造成44人死亡（图2-14, 图2-15）。

⚫ 图2-14　贵州省纳雍县中岭镇左家营村崩塌底部倒石堆

两侧危岩, 特别是东侧危岩顶部已开裂达20 cm, 裂缝中树木较为茂盛, 根部生长在裂缝中

⚫ 图2-15　贵州省纳雍县中岭镇左家营村崩塌顶部危岩体

7. 甘肃舟曲特大泥石流

2010年8月7日22时左右，甘南藏族自治州舟曲县城东北部山区突降特大暴雨，降雨量达97 mm，持续40多分钟，引发三眼峪、罗家峪等四条沟系特大泥石流地质灾害，泥石流长约5 km，平均宽度300 m，平均厚度5 m，总体积750万 m³，流经区域被夷为平地。舟曲8·7特大泥石流灾害中遇难1 481人，失踪284人，累计门诊治疗2 315人（图2-16，图2-17）。

▽ 图2-16 舟曲泥石流灾前与灾后对照图

◁ 图2-17 甘肃舟曲特大泥石流灾后现场

8. 四川康定"7·23"泥石流

2009年7月23日，四川甘孜藏族自治州康定县境内因暴雨引发泥石流。泥石流造成省道211线多处中断，3 000 m道路被淹没，电力中断、通信不畅；136间、1 853 m² 工棚被毁，损失各类车辆32台，各类机具61台（件），仪器设备80台，各类建筑物资1 400吨。造成15人死亡、39人失踪（图2-18，图2-19）。

▲ 图2-18 四川康定泥石流救灾现场

▲ 图2-19 四川康定泥石流灾情

山东地质灾害

山东省地质地貌条件较复杂，矿产资源丰富，降水时间和空间分布极不均匀，水资源严重短缺。随着矿产资源开发、地下水资源的过度开采和其他不合理的工程经济活动，导致地质灾害频繁发生。

山东省地质灾害有崩塌、滑坡、泥石流、地面塌陷（采空塌陷、岩溶塌陷和第四系塌陷）、地裂缝及地面沉降等六种类型（表2-1，表2-2）。截止2013年，山东省共有各类地质灾害隐患点2 328处，受威胁人口70 122人，威胁财产21.1亿元。其中，重要隐患点共计136处，威胁人口15 515人，威胁财产3.44亿元（图2-20）。

表2-1　　　　　　　　　　　　　　山东省地质灾害规模一览表

灾害类型	灾害规模					灾害类型比例（%）
	巨型/特大型	大型	中型	小型	合计	
崩塌	1	6	102	918	1 027	44.12
滑坡	0	5	33	173	554	23.80
泥石流	0	6	40	185	231	9.92
地裂缝	0	0	0	25	25	1.07
地面塌陷	3	42	52	390	487	20.92
地面沉降	4				4	0.17
合计（处）	8	59	236	2 025	2 328	100.00
灾害规模比例（%）	0.34	2.53	10.13	87.00	100.00	

表2-2　　　　　　　　　　　　　　山东省地质灾害险情分级统计表

灾害类型	险情分级					灾害类型比例（%）
	特大型	大型	中型	小型	合计	
崩塌	1	6	102	918	1 027	44.12
滑坡	0	5	33	173	554	23.80
泥石流	0	6	40	185	231	9.92
地裂缝	0	0	0	25	25	1.07
地面塌陷	3	42	52	390	487	20.92
地面沉降	4				4	0.17
合计（处）	4	59	236	2 025	2 328	100.00
灾害规模比例（%）	0.34	2.53	10.13	87.00	100.00	

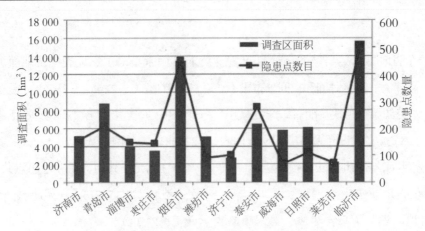

▲ 图2-20　山东省内12地市地质灾害点数量统计

1. 济南市历城区云河村南崩塌

地理位置：锦绣川云河村南省道327线路南侧。

地理坐标：东经117°11′12″，北纬36°30′54″。

灾害点特征：坡长15 m，坡宽120 m，厚度2 m，体积3 600 m³。该崩塌类型为倾倒式，斜坡类型为人工岩质。由于修路开采山石形成的寒武纪张夏组灰岩陡崖，岩石局部破碎，部分悬空，在车辆震动及雨水冲刷等作用下，易发生崩塌现象。高7~15 m，坡宽120 m，坡向31°，近直立。微地貌为陡崖（图2-21）。

地层岩性为寒武纪张夏组灰岩，节理裂隙发育，主要有2组，产状：356°∠90°、90°∠89°，裂隙最宽处达30 cm，部分地段临空。目前稳定状态为稳定性差，今后发展预测稳定性差，主要威胁公路车辆及行人。另外，坡顶房屋距离陡坡较近，存在较大危险，目前房屋已经出现明显裂缝（图2-22），严重威胁崩塌体上部10人的生命和20万元财产安全。因此，确定该崩塌危险性大。

🔺 图2-21　陡崖面岩体裂缝　　　　🔺 图2-22　陡崖上部房屋墙体裂缝

2. 济南市仲宫镇卧虎山水库大坝西北角崩塌

地理位置：卧虎山水库大坝北端往西约50 m处。

地理坐标：东经116°57′45″~116°57′43″，北纬36°29′28″~36°29′31″。

灾害点特征：该崩塌性质为岩质，崩

塌类型属于倾斜式。坡长35 m，坡宽500 m，厚度1 m，体积17 500 m³。微地貌为陡崖，该陡崖下部岩性主要为寒武纪馒头组紫红色易碎页岩，上部由薄层灰岩及张夏组石灰岩块、碎石及坡残积物组成。崩塌前缘平面形态呈三角状，前缘东西向临空面长约36 m，南北向长约131 m，前缘高度25 m左右，坡度近垂直，总体积约3万m³（图2-23）。崩塌体发育2组节理裂隙，一组220° ∠61°，另一组117° ∠79°，坡面岩石破碎严重。坡度87°，坡向276°。平面形态半圆，剖面形态凹形。根据节理裂隙发育程度、危岩体分布、形成机理及影响因素等综合分析，目前该崩塌处于不稳定状态，随着时间推移，风化作用不断加强，在遭受震动及降雨冲刷、浸泡等因素影响后易失稳，形成滑坡、崩塌地质灾害。对其南面居民7户20人的生命与70万元财产造成威胁，

▲ 图2-23　卧虎山水库页岩陡崖

▲ 图2-24　受崩塌威胁住户

对公路过往车辆、行人及坝体产生威胁（图2-24）。

3. 枣庄市熊耳山毛宅崩塌

地理位置：熊耳山国家地质公园内。

地理坐标：东经117° 37′04″，北纬35° 00′10″。

灾害体特征：崩塌点位于熊耳山国家地质公园，1999年7月、2012年7月分别发生崩塌，崩塌体积约3 000 m³、115 m³，崩塌造成部分景区道路、公共设施及树木被毁，直接经济损失约30万元。崩塌点为岩性寒武纪灰岩，岩石裂隙发育，危岩体体积4 485 m³

图2-25 熊耳山毛宅危岩体

（图2-25），地质公园游览道路从危岩体下方穿过，威胁游客安全。

4. 潍坊市临朐县沂山镇禅寺院村北滑坡

地理位置：沂山镇禅寺院村北。

地理坐标：东经118° 43′ 34″，北纬36° 09′ 32″。

灾害点特征：滑坡体主要由尧山组玄武岩组成。长度121 m，宽度372 m，厚度24 m，体积108 028 m³。玄武岩主要有两种：一种为黑色致密玄武岩，块状，细粒结构，节理发育，主要矿物成分为长石、辉石、橄榄石等；另一种为灰色气孔状玄武岩，气孔发育，气孔约占25%，部分气孔中充填有泡沸石和碳酸盐，风化后呈黄绿色，节理发育。滑坡体由玄武岩和砂及含砾砂层组成，灰黄至灰绿色，砂质结构，粉砂及泥质胶结，胶结程度较弱，主要矿物成分为长石、石英，磨圆度好，一般产出于膨润土的顶、底部。滑坡形成后在后缘滑坡壁高度0.5~5 m不等，均为直立玄武岩边坡，顶部受滑坡体拉动作用，形成地裂缝，宽度2.2 m，目前可见深度1.1 m，长度20.2 m。据调查，多年前裂缝深度较大，最深达4.1 m。同时，在滑坡后缘山坡上发现崩塌落石，体积巨大，强降雨条件下极易发生滚动或滑动，严重威胁13人生命与房屋财产、耕地安全。二长花岗岩风化物呈砂质黏土状，局部砂状。根据现场调查，滑坡带应为玄武岩下膨润土（图2-26，图2-27）。

作为滑坡带的膨润土层，厚度不均，平均厚度1.3 m，黄绿色至灰绿色，泥质结构，块状及页片状构造，油脂或土状光

▲ 图2-26 滑坡体后缘顶部　　　　　▲ 图2-27 滑坡壁

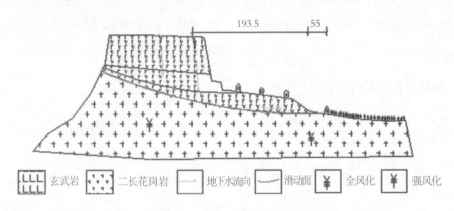

▲ 图2-28 禅寺院村北滑坡剖面图

泽，不平坦断口，主要组分为蒙脱石，约占71.87%，其次为其他黏土矿物和少量的石英、长石等微粒，手摸有滑感，干后易裂，遇水膨胀，具黏结性能。岩性变化不大，沿走向、倾向比较稳定，属新近系尧山期玄武岩喷发间歇期中，经风化蚀变作用之后，再剥蚀搬运沉积而成。

滑坡床由泰山群混合花岗岩组成，主要岩性组成为黑云角闪片麻岩、黑云花岗闪长岩、黑云角闪二长花岗岩、正长花岗岩、斜长角闪岩及少量混合岩化变粒岩，属于古老的基底岩系（图2-28）。

滑坡形成发展过程中形成三阶滑坡台阶：第一阶台阶宽度3～5 m，紧靠滑坡壁；下方紧邻第二阶滑坡台阶，台阶宽度较第一阶小，宽度2～3 m，滑坡壁高度3 m左右；村民修建房屋所在地属于第三阶滑坡台阶，具体宽度、滑坡壁高度等参数因房屋修建场地整平原因消失。

5. 青岛市崂山区青山村212公路西侧滑坡

地理位置：青山村西侧。

地理坐标：东经120°40′58″，北纬36°09′27″。

隐患点特征：滑坡类型为推移式，滑坡性质为土质，岩性以第四系碎石土为主，呈陡坡。滑坡体长度约为100 m，宽度150 m，厚度8 m，面积15 000 m²，

△ 图2-29 青山村滑坡

体积120 000 m³，规模为中型。滑床岩性为燕山晚期花岗岩，坡度较缓约为50°。滑带土为含砾黏土呈松散状。滑坡体于2005年首次出现中部拉张裂缝，前缘有石块崩落现象。强降雨或地震洪水等自然因素和坡脚开挖都可能会引起滑坡的发生，威胁公路和人身安全，威胁人数为180人、财产约为950万元（图2-29）。

6. 济南市历城区西营镇阁老村滑坡

地理位置：西营镇阁老村。

地理坐标：东经117°15′04″，北纬36°28′06″。

灾害点特征：滑坡体长370 m，宽300 m，厚度88 m，总体积约997万m³，属大型滑坡。该滑坡微地貌形态为缓坡，坡度约44°，坡向10°，滑坡类型为推移式滑坡，滑坡性质为岩质滑坡，滑坡平面形态为舌形。滑坡滑动面大于30°。初滑时间为1940年前后，当时滑坡后裂缝仅1 m，到2001年4月已扩展至17.9 m，2005年因雨水较多，裂缝被雨水及其携带物所充填。山坡上存在大量危石，遇到震动或强

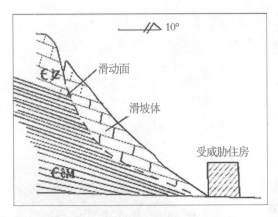

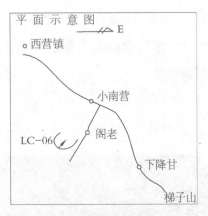

▲ 图2-30 阁老村滑坡剖面示意图

▲ 图2-31 阁老村滑坡平面示意图

▲ 图2-32 滑坡后缘裂缝

▲ 图2-33 滑坡后缘裂缝

降雨有向下滚落的可能。2009年阁老村路边发生小型崩塌，未造成人员伤亡。2011年8月21日，测量滑坡后壁裂缝最宽处约20.10 m，裂缝大多被土充填。根据滑坡形成机理及影响因素等综合分析，目前阁老村滑坡处于不稳定状态，易形成滑坡及崩塌地质灾害，威胁对象为居民点，威胁86户293人的生命和1 000万元财产等，故属危险性大的地质灾害点（图2-30至图2-33）。

7. 青岛平度市大泽山镇所里头泥石流

地理位置：位于平度市北18.6 km，大泽山镇所里头。

地理坐标：东经119°59′50″，北纬36°57′42″。

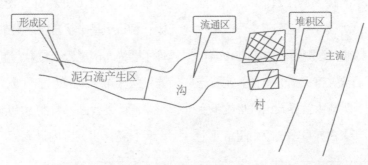

▲ 图2-34　大泽山镇所里头泥石流形成条件平面示意图

▲ 图2-35　大泽山镇所里头泥石流地质灾害

灾害点特征：该泥石流沟在上游切割为"V"型谷，下游为"U"型谷，总长约1 370 m，沟头最高点高程为344 m，沟口最低点高程为231 m，沟域面积0.035 59 km²。沟谷上游三面环山，岩性破碎，有大量物料来源，属于泥石流形成区；包括村庄在内的一段沟谷为纵坡降82.5‰，属于泥石流流通区；下游与主流河道交汇区域为泥石流堆积区。整个村庄沿冲沟两侧建设，虽然冲沟两侧有简易的岸堤，但很难挡住泥石流的冲刷，隐患点对整个村庄威胁极大（图2-34，图2-35）。

8.章丘市垛庄镇上射垛村泥石流

地理位置：垛庄镇上射垛村西南水库大坝上游。

地理坐标：东经117° 21′ 07.0″，北纬36° 28′ 13.7″。

灾害点特征：该泥石流灾害点1964年曾发生过泥石流灾害，损失不详。泥石流沟出露地层，为新太古界泰山群柳杭组变质岩地层、新太古界阜平期蒙山超单元上港单元侵入岩（图2-36至图2-38）。其中：柳杭组呈带状自西北向东南展布，岩性主要为角闪黑云变粒岩；上港单元侵入岩地层分布于该区大部区域，是泥石流物料来源的发育区，岩性为片麻状中粒含黑云奥长花岗岩。区内最大标高735 m，位

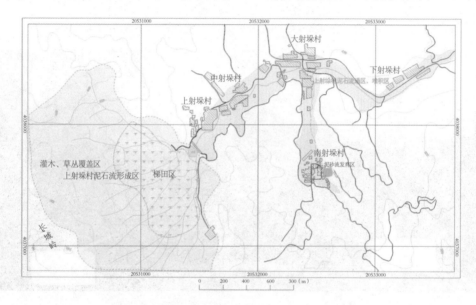

图2-36 垛庄镇上射垛村泥石流平面示意图

图2-37 垛庄镇上射垛村泥石流冲沟

图2-38 垛庄镇上射垛村泥石流远景

于西南侧长城岭附近，最小标高467 m，位于水库大坝附近，最大冲沟长约1 400 m，主沟纵坡35°，山坡坡度40°，呈V型谷，流域形态呈倒喇叭口状，汇水面积大，冲沟多（主要冲沟达18条），出水口少，面积1.909 7 km²；流通区、堆积区分界不明显，水库下方流经上射垛村、中射垛村、大射垛村、南射垛村及下射垛村的季节性排水沟及两侧一定区域作为流通堆积区，最大标高467 m，最小标高约435 m，长度约2 250 m，面积0.592 3 km²。初步判断，该泥石流目前处于发育期。通过松散物储量及平均厚度，初步预测泥石流冲出方量约为21.58万m³，规模为大型，威胁人口2 000人，威胁财产2 500万元。

9. 烟台市龙口后地村地面塌陷

地理位置：龙口市下丁家镇后地村东侧。

地理坐标：东经120° 31′ 04.0″，北纬37° 28′ 58.3″。

灾害点特征：地貌类型为中度切割丘陵区，灾害点微地貌为缓坡，坡度约15°。塌陷区顶板岩性为花岗岩，为历史上开采金矿遗留采空区所致。调查发现塌陷坑4个，长列方向252°，塌陷坑面积从2 m²到50 m²不等，深度从1.5 m到30 m不等（图2-39，图2-40）。塌陷最早发生于20世纪90年代，近期塌陷发生较频繁，最近的一次塌陷为2011年10月，塌陷坑面积约50 m²，可见深度约30 m，塌陷坑位于后地村东约100 m的山坡上，未造成重大经济损失和人员伤亡。

后地村东南存在大量采空区，埋深约100 m。该灾害点现状与预测条件下

图2-39 后地村地面塌陷坑紧邻村庄

图2-40 后地村地面塌陷破坏园地

均不稳定，存在很大的地质灾害隐患，在暴雨和地震条件下，易发生地面塌陷。灾害点紧靠村庄，潜在威胁人口10人，潜在经济损失50万元，根据地质灾害危险性分级标准，危险性预测评估为危险性大。

10. 泰安市泰山区东羊娄村岩溶塌陷点

地理位置：省庄镇东羊娄村东北400 m农田中。

地理坐标：东经117° 13′ 20″，北纬36° 09′ 16″。

灾害点特征：2003年5月31日凌晨发生塌陷，形成塌陷坑东西长35 m，南北宽27 m，深29.6 m，总体呈椭圆形，是截至目前华北地区规模最大的单个岩溶塌陷坑（图2-41）。塌陷发生时正值农灌期间，当地岩溶水日抽水量达4.2万m³/d。据地质资料分析，该塌陷点位于岱道庵断裂东盘，塌陷坑附近有北东向断裂通过，下伏碳酸盐岩为奥陶纪马家沟组五阳山段厚层灰岩，裂隙岩溶发育。第四系冲洪积层厚度29.6 m，下部岩性为沙、沙砾石层，上覆10 m左右的沙质黏土，具二元结构。目前，该塌陷坑规模比塌陷时有所扩大，坑壁边坡变缓，坑底积水，仍有发生塌陷的可能，预测评估该隐患点潜在岩溶塌陷地质灾害危险性为中等。

11. 枣庄市十里泉水源地岩溶塌陷

地理位置：市中区十里泉水源地区域。

地理坐标：东经117° 34′ 11.6″，北纬34° 48′ 35.4″。

△ 图2-41　泰安市省庄镇东羊娄村岩溶塌陷

采空塌陷特征：20世纪70年代初，为解决枣庄城市供水，在十里泉建设供水水源地，开采岩溶地下水。1976年十里泉地区泉水出现断流，1981年岩溶地下水开采量达到7.8万m³/d，超过允许开采量（6.89万m³/d）0.91万m³/d，当年产生岩溶塌陷，1995年开采量最高达到9.7万m³/d，超采2.81万m³/d，岩溶塌陷频繁发生。目前多数塌陷坑已被填平，无法找到。现有塌陷坑为十里泉热电厂南岩溶塌陷，位于光明路乡王庄村，该岩溶塌陷坑呈方形，坑口规模为3.5 m，深度为10 m，变形面积10 m²，始发于2011年，塌陷岩土层岩性为寒武纪−奥陶纪白云岩。由于热电厂过量抽取地下水造成塌陷，潜在威胁人数8人，威胁财产约为20万元（图2-42至图2-44）。

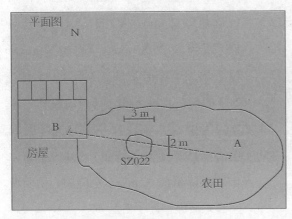

图2-42　十里泉岩溶塌陷平面图

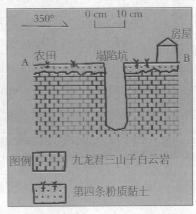

图2-43　十里泉岩溶塌陷剖面图

图2-44　十里泉热电厂南岩溶塌陷

12. 枣庄市底阁镇石膏矿矿区地面塌陷

地理位置：峄城区底阁镇石膏矿区。

地理坐标：东经117° 44′ 22″ ~ 117° 49′ 20″，北纬34° 39′ 38″ ~ 34° 41′ 40″。

隐患灾害点特征：塌陷区位于峄城区底阁镇南部石膏矿区，矿区内有生产石膏矿12个。含膏地层为下古近纪官庄组中段，距地表深度60~350 m，含膏12层，其中Ⅰ、Ⅷ、Ⅸ层膏较厚且稳定，厚度分别为2.5~13 m、5~6 m、14~15 m。底阁石膏矿区，自20世纪90年代后期内采空区相继出现了地压活动现象。矿房顶板开始下沉，底板鼓起，矿柱出现片帮、劈裂现象，随后多处采空区出现了大面积的塌陷。底阁镇石膏矿区已塌陷地面1.2万亩，不仅土地资源和生态环境遭到破坏，而且严重影响了矿区2万多名群众的生产生活（图2-45）。地面塌陷最严重的地区位于吴林、富山石膏矿区康庄矿段，塌陷面积约200亩，塌陷积水面积约0.79 km²，塌陷中心最深达3.85 m，塌陷区威胁人口82人，威胁财产89万元。

13. 德州地面沉降

德州地面沉降区，地面平均沉降量93.2 mm，年均31.1 mm，其中最大沉降量121.8 mm，年均40.6 mm，位于德州市城区东部。对比1991年、2010年水准观测数据，以国棉一厂D62为中心（城区西部）的沉降区，中心点19年累计沉降量1 186.9 mm，年均沉降量62.5 mm。沉降中心由西城区向东城区扩展（图2-46）。

图2-45 底阁石膏矿区塌陷受损公路和塌陷坑积水

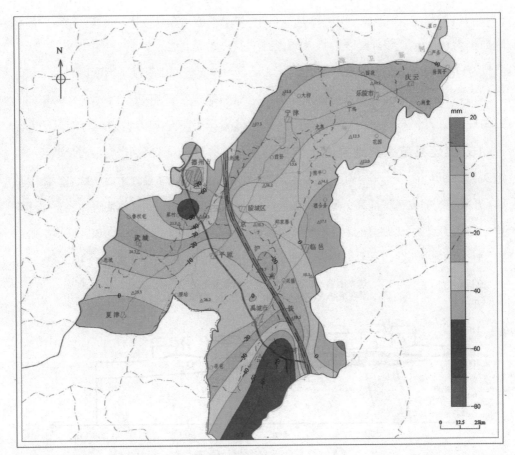

图2-46　1991-2020年山东德州市地面沉降等值线图

14. 滨州—东营地面沉降

东营市存在两个较明显的沉降区域。一是以东营市东营区胜利油田基地，西四路与黄河路交叉处为中心的沉降区，其-150 mm等值线所围面积为8 km²，该沉降区中心点沉降量为155.1 mm（沉降期为66个月）；二是以广饶县城北开发区为中心的沉降区，其-250 mm等值线所围面积为146 km²，该沉降区中心点沉降量为356.0 mm（沉降期66个月）。东营市境内-50 mm等值线，所围面积为2 000 km²。滨州市存在两个较明显的沉降区域。一是以滨州市滨城区为中心的沉降区，其-100 mm等值线所围面积为117 km²，该沉降区中心点沉降量为187.7 mm（沉降期为39个月）；二是以博兴县城东为中心的沉降区，其 -150 mm 等值线所围面积为19 km²，该沉降区中心点B8沉降量为174.0 mm（沉降期为39个月）。滨州市境内 -50 mm 等值线所围面积为 1 500 km²。

15. 五莲县范家窑地裂缝、官帅地裂缝

五莲地裂缝发育特征为：地裂缝灾害具一定的方向性，地裂缝的发生具有不可抗拒性，地裂缝成灾过程具渐发性，地裂缝造成的灾害具带状分布性，地裂缝活动具一定周期性。

地裂缝产生受以下因素影响：①该区紧邻地震烈度Ⅷ区，在1976-1999年期间共发生里氏2.5级左右地震47次；②五莲地裂缝位于沂沭断裂带，地震长期活动说明昌邑—大店断裂处于活动状态，由于基底断裂的长期蠕动，致使岩体或土层逐渐开裂，并显露于地表；③该区域也是胀缩土分布区（图2-47至图2-49）。

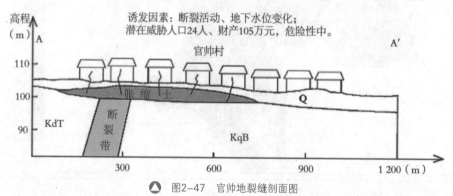

图2-47　官帅地裂缝剖面图

图2-48　官帅地裂缝引发墙体开裂

图2-49　范家窑地裂缝引发墙体开裂

Part 3 人类活动与地质灾害

现代人类社会高度发达，科学技术迅速发展，工业生产水平不断提高，人类经济和工程活动规模越来越大、强度越来越高，人工开挖、搬运堆积的速度已远远超过自然地质作用的速度，人类活动已成为地球上一种巨大营力，迅速而剧烈地改变着地质环境，进而诱发越来越多的地质灾害。因此，协调和控制人类活动与地质环境的关系，是预防和减少地质灾害的根本措施。

人类活动可能诱发的地质灾害

1. 道路工程可能诱发的地质灾害

道路工程建设：修筑铁路、公路时，开挖边坡切割了外倾的或缓倾的软弱地层，加之大爆破对边坡强烈震动，削坡过陡，破坏了山坡表层都可以诱发崩塌、滑坡和泥石流（图3-1）。

2. 矿产资源开发可能诱发的地质灾害

矿产资源开发利用形成的露天采矿场边坡，地下采空区，废弃矿渣、尾矿不合理堆放，可以诱发崩塌、滑坡和泥石流、地面塌陷和地裂缝。如煤矿、铁矿、金矿、磷矿、石膏矿、黏土矿等（图3-2，图3-3）。

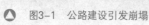
图3-1 公路建设引发崩塌

△ 图3-2 废弃矿渣、尾矿不合理堆放泥石流

△ 图3-3 地下开采引发地面塌陷

3. 水利水电建设可能诱发的地质灾害

水利水电工程蓄水与渠道渗漏的浸润和软化作用，以及水在岩体（土体）中的静水压力、动水压力，从而可能诱发崩塌、滑坡、泥石流、地裂缝和黄土塌陷等。

4. 民用建筑和城市建设可能诱发的地质灾害

民用建筑和城市建设中，开挖边坡、堆填、加载、不合理弃土和弃渣、疏干排水、地下工程，可能诱发崩塌、滑坡、泥石流、地面沉降和地面塌陷（图3-4）。

◁ 图3-4 村庄建设引发滑坡

5. 地下水资源开采利用可能诱发的地质灾害

在平原区，松散岩类厚度巨大，若过量抽采地下水，使地下水位持续降低，可形成地面沉降。在岩溶发育地区，大量开采地下水，地下水位下降、波动，使其潜蚀作用加剧，岩、土体平衡失调，可产生岩溶塌陷（图3-5）。

6. 滥伐乱垦可能诱发的地质灾害

滥伐乱垦会使植被消失、山坡失去保护、土体疏松、冲沟发育，大大加重水土流失，进而破坏山坡稳定性，滑坡、崩塌等不良地质现象发育，结果就很容易产生泥石流。

◀ 图3-5　地下水开采引发岩溶塌陷

地质灾害对人类的危害

1. 滑坡、崩塌对人类的危害

滑坡、崩塌是山区主要的自然灾害之一。它们常常给工农业生产以及人民生命财产造成巨大损失，有的甚至是毁灭性的灾难。

滑坡、崩塌对乡村最主要的危害是摧毁农田、房舍，伤害人畜，毁坏森林、道路以及农业机械设施和水利水电设施等，有时甚至给乡村造成毁灭性灾害。

位于城镇附近的滑坡、崩塌常常砸埋

房屋，伤亡人畜，毁坏田地，摧毁工厂、学校、机关单位等，并毁坏各种设施，造成停电、停水、停工，有时甚至毁灭整个城镇（图3-6）。

发生在工矿区的滑坡、崩塌可摧毁矿山设施，伤亡职工，毁坏厂房，使矿山停工停产，常常造成重大损失（图3-7）。

崩塌、滑坡除给人类造成上述几方面的主要危害外，在水利水电工程、公路、铁路、河运及海洋工程方面也造成很大危害。除直接危害人类外，还常常产生一些次生灾害间接危害人类（图3-8至图3-13）。

▲　图3-6　崩塌毁坏工厂

▲　图3-7　崩塌毁坏矿山

▲　图3-8　崩塌毁坏水电站，淤堵河流

▲　图3-9　崩塌毁坏铁路、公路和桥梁

▲ 图3-10　崩塌毁坏房屋，造成人员伤亡

◀ 图3-11　滑坡使水渠和涵管破坏

⚠ 图3-12 土体滑坡毁坏农房，造成人员伤亡

⚠ 图3-13 滑坡使公路交通中断，甚至造成车毁人亡的惨剧

2. 泥石流对人类的危害

泥石流常常具有暴发突然、来势凶猛、迅速的特点，并兼有崩塌、滑坡和洪水破坏的双重作用，其危害程度往往比单一的滑坡、崩塌和洪水的危害更为广泛和严重。它对人类的危害具体表现在以下四个方面：

（1）对居民点的危害：泥石流最常见的危害之一是冲进乡村、城镇，摧毁房屋、工厂、企事业单位及其他场所、设施。淹没人畜，毁坏土地，甚至造成村毁人亡的灾难（图3-14）。

（2）对公路、铁路及桥梁的危害：泥石流可直接埋没车站、铁路、公路，摧毁路基、桥涵等设施，致使交通中断，还可引起正在运行的火车、汽车颠覆（图3-15），造成重大的人身伤亡事故。有时泥石流汇入河流，引起河道大幅度变迁，间接毁坏公路、铁路及其他建筑物，甚至迫使道路改线，造成巨大经济损失（图3-16）。

（3）对水利、水电工程的危害：主要是冲毁水电站、引水渠道及过沟建筑物，淤埋水电站水渠，并淤积水库、磨蚀坝面等。

（4）对矿山的危害：主要是摧毁矿山及其设施，淤埋矿山坑道，伤害矿山人员，造成停工停产，甚至使矿山报废。

3. 地面塌陷对人类的危害

地面塌陷的主要危害是破坏房屋、铁路、公路、矿山、水库、堤防等工程设施，造成房屋倒塌、道路中断、水库漏水、大坝和堤防陷落开裂等。此外，地面

图3-14 台湾地区小林村泥石流造成约400人被掩埋

图3-15 被泥石流掩埋的客车

图3-16 泥石流的威力巨大,可彻底摧毁建筑物

塌陷还破坏土地资源,使大量耕地被毁,一些城市和矿区环境恶化。地面塌陷灾害程度除了与塌陷规模、数量密切相关外,主要取决于发生塌陷地区的社会经济条件,以发生在城市、矿区和交通干线附近的地面塌陷造成的破坏损失最严重,是监测和防治的重点(图3-17至图3-20)。

⚠ 图3-17　横山前采空塌陷导致民房倒塌

⚠ 图3-18　訾家灌庄村西南杨岩溶塌陷损坏树林

⚠ 图3-19　第四系塌陷毁坏农田　　　　⚠ 图3-20　岩溶塌陷损坏农田

4. 地面沉降对人类的危害

地面沉降所造成的破坏和影响是多方面的。主要为区域性地面标高的损失而引起的环境恶化给工农业生产、交通运输、城市建设和人民生活造成危害和严重的经济损失。具体环境灾害表现如下：

（1）在滨江或滨海区域易受河水或海水的侵袭，引起潮水、江水倒灌，给城市、农田造成严重经济损失。地面沉降也使内陆平原城市或地区遭受洪水灾害的频率增大、危害程度加重，尤其那些新构造盆地，如江汉盆地、洞庭湖盆地、汾渭盆地及辽河盆地等。

（2）对城市公共设施、交通运输、港口码头及水利设施的损害。例如：城市中下水管道变形排水能力下降，河道桥下净空减小通航能力降低，河、海堤坝或防洪墙防洪、潮能力降低，道路设施破坏，港口码头失效货物装卸能力下降等（图3-21）。

（3）地面沉降的不均匀，往往使地面和地下建筑遭受巨大的破坏，危及稳定、安全。比如：建筑物墙壁开裂、高楼脱空并使桩基产生负摩阻力，深井井管上升、井台破坏，桥墩不均匀下沉、自来水管弯裂漏水等（图3-22，图3-23）。

图3-21 地面沉降形成城市内涝

△　图3-22　地面沉降损坏供水井（井管上升）

△　图3-23　地面沉降造成房屋开裂

5. 地裂缝对人类的危害

地裂缝主要危害是造成房屋开裂，破坏地面设施及城市地下管道等生命线工程，造成农田漏水。如西安市地裂缝穿越91座工厂、40所学校、公用设施60处、村寨41个、其他单位97个，破坏道路60处、围墙427处，132幢楼房受破坏和影响，其中20幢全部或部分拆除，1 057间平房受毁，8处文物古迹受损或直接受到威胁；广西武宣县城自1962年来，由于地裂缝而破坏了45%的房屋，局部地段达85%；大同市20世纪80年代以来由地裂缝所造成的经济损失已达2 000万元以上，山东省也由于地裂缝和膨胀土变形每年损失2 000万元（图3-24）。

△　图3-24　地裂缝破坏道路、房屋

Part 4 地质灾害应急

　　像地震等自然灾害一样，突发性地质灾害在发生前亦表现出各种各样的临灾特征，为监测和及时预测地质灾害的发展、发生提供了宝贵的信息。国内外救灾实践一再证明，掌握地质灾害应急常识，提高公众灾害风险识别感知水平和避险自救能力，是有效保障自身生命财产安全的重要途径，可最大限度地挽救生命，减少伤亡和损失。

临灾前兆

1. 崩塌发生前兆

崩塌发生前可能会出现以下征兆：

（1）崩塌处的裂缝逐渐扩大，危岩体的前缘有掉块、坠落现象，小崩小塌不断发生。

（2）坡顶出现新的破裂形迹，嗅到异常气味。

（3）不时偶闻岩石的撕裂摩擦破碎声。

（4）出现热、氡气、地下水质、水量等异常。

2. 滑坡发生前兆

不同类型、不同性质、不同特点的滑坡，在滑动之前，一般都会显示出一些前兆。归纳起来，常见的有以下几种：

（1）滑坡滑动之前，在滑坡前缘坡脚处，堵塞多年的泉水有复活现象，或者出现泉水（井水）突然干枯，井、泉水位突变或混浊等类似的异常现象（图4-1）。

（2）在滑坡体中部、前部出现横向及纵向放射状裂缝，它反映了滑坡体向前推挤并受到阻碍，已进入临滑状态（图4-2）。

（3）滑坡滑动之前，滑坡体前缘坡脚处，土体出现隆起（上凸）现象，这是滑坡体明显向前推挤的现象。

（4）滑坡滑动之前，有岩石开裂或被剪切挤压的声响，这种现象反映了深部变形与破裂。

（5）滑坡在临滑之前，滑坡体周围的岩（土）体会出现小型崩塌和松弛现象。

（6）如果滑坡体有长期位移观测资料，在滑坡滑动之前，无论是水平位移量还是垂直位移量，均会出现加速变化的趋势。这是临滑的明显迹象。

（7）滑坡后缘的裂缝急剧扩展，并从裂缝中冒出热气或冷风。

滑坡是否发生，不能只靠单一个别的前兆现象来判定，有时可能会造成误判。因此，发现某一种前兆时，应尽快对滑坡体进行仔细查看，迅速做出综合

图4-1　滑坡出现裂缝导致池塘水位明显下降

图4-2　斜坡地表出现裂缝，斜坡上的建筑物墙壁也发生开裂

的判定。

3. 泥石流发生前兆

泥石流发生前将有以下征兆：

（1）暴雨或连续降雨时。

（2）河流突然断流或水势突然加大，并夹有较多柴草、树枝（图4-3）。

（3）深谷内传来似火车轰鸣或闷雷般的声音。

（4）沟谷深处突然变得昏暗，并有轻微震动感等（图4-4）。

图4-3　河水突然断流或洪水突然增大，并夹有较多柴草、树木

图4-4　沟谷深处变昏暗并伴有巨大轰鸣声或轻微震动感

应急处置

1. 地质灾害应急处置中的主要任务

（1）第一时间建立地质灾害应急救灾现场指挥机构，启动防灾预案，根据防灾责任制明确各部门工作内容；

（2）根据险情和灾情具体情况提出应急对策，转移安置人群到临时避灾点，在保障安全的前提下，有组织地救援受伤和被围困的人员；

（3）对灾情和险情进行初步评估并上报（图4-5），调查地质灾害成因和发展趋势；

▲ 图4-5 及时报告灾情及险情

（4）划定地质灾害危险区并建立警示标志；

（5）加强地质灾害发展变化监测，并对周边可能出现的隐患进行排查；

（6）排危及实施应急抢险工程；

（7）信息、通信、交通、医疗、救灾物资、治安、技术等应急保障措施到位；

（8）根据权限做好灾害信息发布工作，信息发布要及时、准确、客观、全面。

2. 地质灾害应急处置中的应急处置权限

根据灾害等级、处置要求和指挥权限，统一组织、指挥、协调、调度专业救援队伍及相关应急力量和资源，采取相关响应措施实施应急处置。

I级响应：出现特大型地质灾害险情和特大型地质灾害灾情的县（市）、市（地、州）、省（区、市）人民政府，立即启动相关的应急防治预案和应急指挥系统，部署本行政区域内的地质灾害应急防治与救灾工作。

Ⅱ级响应：出现大型地质灾害险情和大型地质灾害灾情的县（市）、市（地、州）、省（区、市）人民政府，立即启动相关的应急预案和应急指挥系统。

Ⅲ级响应：出现中型地质灾害险情和中型地质灾害灾情的县（市）、市（地、州）人民政府，立即启动相关的应急预案和应急指挥系统。

Ⅳ级响应：出现小型地质灾害险情和小型地质灾害灾情的县（市）人民政府，立即启动相关的应急预案和应急指挥系统。

3. 应急避让场地的选择

在对辖区内地质环境调查的基础上，依托技术单位选定临时应急避让场所。

（1）场址尽量选在地形平坦开阔，水、电、路易通入的区域；

（2）历史上未发生过滑坡、崩塌、泥石流、地面塌陷、地面沉降及地裂缝等地质灾害的地区；

（3）场址不应选在冲沟沟口、弃渣场、废石场、尾矿库（矿区）的下方；

（4）避开不稳定斜坡和高陡边坡；

（5）不宜紧邻河（海、库）岸边；

（6）避开地下采空区诱发的地表移动范围；

（7）存在工程地质条件制约因素

🔺 图4-6　不可贪恋财物

时，应实施相应的处置措施。

4. 灾后如何抢险救灾

（1）监测人、防灾责任人及时发出预警信号，组织群众按预定撤离路线转移避让；

（2）在确保安全的前提下开展灾后自救，包括被困人员自救、家庭自救、村民互救；

（3）不要立即进入灾害区去挖掘和搜寻财物，避免灾害体进一步活动导致的人员伤亡（图4-6）；

（4）及时向上级报告灾情；

（5）灾害发生后，在专业队伍未到达之前，应该迅速组织力量，巡查滑坡、崩塌斜坡区和周围是否还存在较大的危岩体和滑坡隐患，并迅速划定危险区，禁止人员进入；

（6）有组织地救援受伤和被围困的人员；

（7）注意收听广播、收看电视，了解近期是否还会有发生暴雨的可能。如有，应该尽快对临时居住的地区进行巡查，避开灾害隐患。

5. 转移避让后何时撤回居住地

经专家鉴定地质灾害险情或灾情已消除，或者得到有效控制后，当地县级人民政府撤销划定的地质灾害危险区，转移后的灾民才可搬回居住地。

6. 崩塌应急抢险措施

（1）加强监测，做好预报，提早组织人员疏散和财产转移；

（2）对规模较小的危岩，在撤出人员后可采用爆破方式，消除隐患；

（3）在山体坡脚或半坡上，设置拦截落石平台和落石槽沟、修筑拦坠石的挡石墙、用钢质材料编制栅栏挡截落石等工程，防治小型崩塌；

（4）采用支柱、支挡墙或钢质材料，支撑在危岩下面，并辅以钢索拉固；

（5）采用锚索、锚杆将不稳定体与稳定岩体联固；

（6）对差异风化诱发的崩塌，采用护坡工程提高易风化岩石的抗风化能力；

（7）疏导排地下水。

7. 滑坡应急治理措施

（1）避：加强监测，做好预报，提早组织人员疏散和财产转移。

（2）排：截、排、引导地表水和地下水，开挖排水和截水沟将地表水引出滑坡区；对滑坡中后部裂缝及时进行回填或封堵处理，防止雨水沿裂隙渗入到滑坡中，可以利用塑料布直接铺盖，或者利用泥土回填封闭；实施盲沟、排水孔疏排地下水（图4-7，图4-8）。

（3）挡：采用抗滑桩、挡土墙、锚索、锚杆等工程对滑坡进行支挡，是滑坡治理中采用最多、见效最快的手段。

（4）减：当滑坡仍在变形滑动时，可以在滑坡后缘拆除危房，设置清除部分土石，以减轻滑坡的下滑力，提高整体稳定性。

（5）压：当山坡前缘出现地面鼓起和推挤时，表明滑坡即将滑动。这时应该尽快在前缘堆积沙石压脚，抑制滑坡的继续发展，为财产转移和滑坡的综合治理赢得时间（图4-9）。

（6）固：结合微型桩群对滑带土灌浆，提高滑带土的强度，增加滑坡自抗滑力。

图4-7　滑坡治理

利用塑料布铺盖滑坡后缘拉裂缝，防止雨水直接渗入（重庆云阳，2000）

应及时填埋滑坡体上的裂缝

▲ 、图4-8　滑坡治理示意图（一）

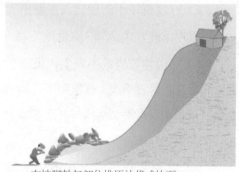

在坡脚鼓起部位堆压沙袋或块石，
可以减缓滑坡的滑动

▲ 图4-9 滑坡治理示意图（二）

8. 泥石流应急治理措施

（1）避：居民点、安置点应避开泥石流可能影响的沟道范围和沟口。

（2）排：截、排引导地表水形成水土分离，以达到降低泥石流暴发频率及规模的措施。

（3）拦：修建拦沙坝和谷坊群，拦挡泥石流松散物并稳定谷坡。工程实施可改变沟床纵坡、降低可移动松散物质量、减小沟道水流的流量和流速，从而达到控制泥石流的作用。

（4）导：修建排导槽引导泥石流通过保护对象，而不对保护对象造成危害。

（5）停：在泥石流沟道出口有条件的地方，采用停淤坝群构建停淤场，以减小泥

石流规模，使其转为挟沙洪流，降低对下游的危害。

（6）禁：禁止在泥石流沟中随意弃土、弃渣、堆放垃圾。

（7）植：封山育林，植树造林。

临灾处置

为紧急避险，地质灾害高发区的居民要在专业技术人员的指导下，在县、乡、村有关部门的配合下，事先选定地质灾害临时避灾场地、提前确定安全的撤离路线、临灾撤离信号等，有时还要做好必要的防灾物资储备（图4-10）。

1. 撤离路线的选定

撤离危险区，应通过实地踏勘选择好转移路线，应尽可能避开滑坡的滑移方向、崩塌的倾崩方向或泥石流可能经过地段。尽量少穿越危险区，沿山脊展布的道路比沿山谷展布的道路更安全（图4-11）。

2. 临时避灾场地的选定

在地质灾害危险区外，事先选择一处或几处安全场地，作为避灾的临时

场所。避灾场所的选定，一定要选取绝对安全的地方，绝不能选在滑坡的主滑方向、有危岩体的陡坡脚下或泥石流沟沟口。在确保安全的前提下，避灾场地距原居住地越近越好，地势

发现地质灾害隐患时，应立即搬迁与避让

图4-10 搬迁与避让

越开阔越好，交通和用电、用水越方便越好（图4-12）。

3. 预警信号的规定

撤离地质灾害危险区，应事先约定好撤离信号（如广播、敲锣、击鼓、吹叫笛等）。制定的信号必须是唯一的，不能乱用，以免误发信号造成混乱（图4-13）。

图4-11　事先明确撤离路线，并标在显著位置

图4-12　避灾场地选择

提前约定灾害发生时的撤离报警信号，指挥群众按避灾路线撤离

▲ 图4-13　地质灾害预警

避险自救

1. 发生崩塌时如何避险

（1）崩塌发生时，如果身处崩塌影响范围外，一定要绕行；如果处于崩塌体下方，只能迅速向两边逃生，越快越好；如果感觉地面震动，也应立即向两侧稳定地区逃离（图4-14）。

（2）行车时如果遭遇崩塌，应保持冷静，注意观察险情。如前方发生崩塌，应该在安全地带停车等待；如果身处斜坡或陡崖等危险地带，应迅速离开。因崩塌造成交通堵塞时，应听从指挥，及时疏散。

（3）崩塌稳定之前，不要进入其可能影响的范围。

▲ 图4-14 当崩塌发生时，应该迅速向崩塌体两侧逃生

2. 发生滑坡时如何避险

（1）马上报告当地政府或有关部门，同时立即通知遭受威胁的人群。要提高警惕，密切观察，做好撤离准备。

（2）滑坡发生时，应向滑坡边界两侧之外撤离，绝不能沿滑移方向逃生。如果滑坡滑动速度很快，最好原地不动或抱紧一棵大树不松手（图4-15）。

（3）面临滑坡时，房屋中的所有人员应立即撤离（图4-16）。

（4）滑坡发生后，滑坡体未完全稳定时，所有人员不要进入灾害现场挖掘和搜寻财物，以防再次滑坡，造成不必要的损失。

3. 发生泥石流时如何避险

（1）当处于泥石流区时，不能沿沟向下或向上跑，而应向两侧山坡上跑，离开沟道、河谷地带（图4-17）。

（2）不要在土质松软、土体不稳定的斜坡停留，以防斜坡失稳下滑，应在基底稳固又较为平缓的地方暂停观察，选择远离泥石流经过地段停留避险。

（3）不应上树躲避，因泥石流不同于一般洪水，其流动中可能剪断树木卷入泥石流，所以上树逃生不可取（图4-18）。

（4）应避开河（沟）道弯曲的凹岸，或地方狭小高度不高的凸岸，因泥石流有很强的掏刷能力及直进性，这些地方可能被泥石流体冲毁。

（5）长时间强降雨后，应撤离危险区。

（6）白天降雨较多时，夜间要加强观察，必要时组织撤离。

图4-15　滑坡发生时，要向滑坡滑动方向的垂直方向逃离

图4-16　人员紧急疏散

图4-17　泥石流发生时，不要沿着泥石流流动的方向跑

图4-18　泥石流地质灾害发生时不能躲在树上

Part 5 地质灾害防治

可以通过有效的地质工程手段，改变地质灾害产生的过程，以达到减轻或防止灾害发生的目的。地质灾害防治工作，应遵循预防为主、防治结合、全面规划、综合治理的原则。

地质灾害调查

1. 地质灾害宏观调查

所谓宏观地质调查，是使用常规地质调查方法，对崩塌、滑坡、泥石流灾害体的宏观变形迹象和与其有关的各种异常现象进行定期的观测、记录，以便随时掌握崩塌、滑坡的变形动态及发展趋势，达到科学预报的目的。

地质灾害的发生通常具有综合前兆，单纯由个别前兆来判别灾害可能会造成误判，带来不良的社会影响。因此，发现某一前兆时，必须尽快查看，迅速做出综合的判定。若同时出现多个前兆时，必须迅速疏散人员，并尽快报告当地主管部门。

（1）滑坡宏观调查：当滑坡前缘出现地面鼓胀、地面反翘或者建筑物地基出现错裂时，应注意详细查看滑坡整体的变形拉裂情况，并及时向当地主管部门报告，请专业人员到现场进一步察看。

当滑坡稳定性较差时，可能在滑坡中部出现地面拉裂缝、次级台阶，并使建筑物出现有规则的拉裂变形。但是，应注意由于局部地形起伏，或由于人工陡坎和挡墙未坐落在稳定的地基体上而出现地面裂缝，或由于建筑质量差而开裂，不要误判为是滑坡的变形滑动。

当滑坡后缘出现贯通性的弧形拉裂，并出现向后倾斜的下座拉裂台阶时，必须尽快采取避让措施，将滑坡区的居民尽快转移，并及时向当地主管部门报告。

（2）崩塌宏观调查：当高陡斜坡危岩体后缘裂缝，明显拉张或闭合，出现新生的裂缝，应该进一步进行地面调查，横跨裂缝布置若干简易监测点，了解变形拉裂情况，并向当地主管部门报告。

当危岩体下部出现明显的压碎现象，并形成与上部贯通的裂缝时，表明发生崩塌的危险极高，应该及时采取避让措施，并及时向当地主管部门报告，请专业人员到现场进一步察看。

（3）泥石流宏观调查：泥石流沟口通常是发生灾害的重要地段。在调查时，应仔细了解沟口堆积区和两侧建筑物的分布位置，特别是新建在沟边的建筑物。

调查了解沟上游物源区和行洪区的变化情况。应注意采矿排渣、修路弃土、生活垃圾等的分布，在暴雨期间可能会形成新的泥石流物源。

2. 地质灾害调查

地质灾害调查有两种解释：①与地质灾害勘查具有相同的含义；②是指对地质灾害进行的一般性考察了解，其精度比较低，使用的技术方法比较简单，主要应用遥感和地面调查手段。

（1）崩塌调查：主要调查崩塌的类型、发生时间、灾情、物质组成、形态特征及规模，诱发因素，稳定程度。

——地学知识窗——

崩塌危险性识别

崩塌发生在危岩体或危险土体区，通常具有以下特征：

（1）坡度大于45°，且高差较大，或坡体成孤立山嘴，或为凹形陡坡。

（2）坡体内部裂隙发育，尤其产生垂直或平行斜坡方向的裂隙，并且切割坡体的裂隙、裂缝即将贯通，使之与母体（山体）形成了分离之势。

（3）坡体前部存在临空空间，或有崩塌物发育，这说明曾经发生过崩塌，今后还可能再次发生。

滑坡危险性判定

（1）滑坡体上有明显的裂缝，裂缝在近期不断加长、加宽、增多，特别是当滑坡后缘出现贯通性弧形张裂缝，并且明显下坐时，说明即将发生整体滑坡。

（2）滑坡体上出现不均匀沉陷，局部台阶下坐，参差不齐。

（3）滑坡体上多处房屋、房前院坝、道路、田坝、水渠出现变形拉裂现象。

（4）滑坡体上电杆、烟囱、树木、高塔出现歪斜，说明滑坡正在蠕滑。

（5）滑坡前缘出现鼓胀变形或挤压脊背，说明滑坡变形加剧。

泥石流沟谷易发性判定

当一条沟谷在松散固体物质来源、地形地貌条件和水源水动力条件等三个方面都有利于泥石流形成时，可能成为泥石流易发沟谷。

（1）松散土石丰富：沟道两侧山体破碎、滑坡和崩塌频繁、水土流失和坡面侵蚀作用强烈、沟道内松散固体物质积存量大的沟谷，是特别容易发生泥石流的沟谷。进入沟道的松散固体物质越丰富，泥石流发生的频率通常也越高。

（2）地形地貌便于集水、集物：易发生泥石流的沟谷大多具有以下地形特征：沟谷上游三面环山、山坡陡峭、平面形态呈漏斗状、勺状、树叶状；沟谷中游山谷狭窄，沟道纵坡降较大，束流特征明显；下游沟口地势开阔，有利于固体物质停积。

（3）沟内能迅速汇集大量水源：流水是形成泥石流的动力条件。局地暴雨多发区的沟谷、有溃坝危险的水库或塘坝的下游沟谷、季节性冰雪大量消融区的沟谷，可以在短时间内产生大量流水，在沟道中汇集成湍急水流，易诱发泥石流。

对已发现可能发生崩塌迹象的危险（点）地段，调查内容主要为：崩塌的类型；基岩地层岩性、产状，软弱夹层岩性、产状，断裂、裂隙、节理发育情况；斜坡坡度、坡向、地层倾向与斜坡坡向组合关系；有无地表水渗入；人工开挖边坡情况及可能加剧崩塌形成的危险性和可能影响范围。

（2）滑坡调查：主要调查滑坡的类型、发生时间、灾情、滑坡体的物质组成、形态特征及规模、运动形式、滑速、滑距，诱发因素，稳定程度，复活迹象，并提出今后防治措施建议。

对已发现可能发生滑坡迹象的危险（点）地段，调查内容主要为：周围地面变形迹象特征，可能发生滑坡的类型；基岩地层岩性、产状，软弱夹层岩性、产状，断裂、裂隙、节理发育情况；风化层与残坡积层岩性、厚度、特征；斜坡坡度、坡向、地层倾向与斜坡坡向组合关系；地下水富集及径流排泄特征；斜坡周围特别是斜坡上部有无地表水渗入；人工开挖边坡情况及可能加剧滑坡形成的危险性和可能影响范围。

（3）泥石流调查：主要调查沟域地形地貌。包括：汇水面积、主沟纵坡降和沿岸沟坡坡度变化情况；流域降水量及时空分布特征；植被类型及覆盖程度；沟谷内松散堆积物类型、分布、数量；沟口扇形形态、面积、切割破坏情况；泥石流堆积物成分及结构情况；以往灾害史和直接损失情况；今后活动趋势及造成进一步危害的范围和损失大小。

（4）地面塌陷调查：调查内容主要为：已有塌陷的发育特征、形成的地质环境条件（地层、岩性、岩溶发育程度、第四纪覆盖层岩性、结构、厚度；地下水位埋深及年变化特征、变化幅度）；周围地下水开采与矿山疏排等情况、诱发因素、发展趋势；已采取的防治措施、效果。

（5）地裂缝调查：调查内容主要为：单缝特征和群缝分布特征及其分布范围；形成的地质环境条件（地形地貌、地层岩性、构造断裂等）；地裂缝成因类型和诱发因素（地下或地下水开采等）；发展趋势预测和现有灾害评估及未来灾害预测；现有防治措施和效果。

（6）地质灾害高发区房屋的调查：要按照"以人为本"的原则，针对地质灾害高发区点多面广的难题，集中力量对有灾害隐患的居民点或村庄的房屋和房前屋后开展调查。

地质灾害防治规划

地质灾害防治规划是预防和治理地质灾害的长远计划。分为国家、省（自治区、直辖市）、地（市）、县（市）四级和部门规划。国务院国土资源行政主管部门组织编制全国地质灾害防治规划。县级以上地方人民政府国土资源行政主管部门，根据上一级地质灾害防治规划，组织编制本行政区域内的地质灾害防治规划。跨行政区域的规划，由其共同的上一级人民政府国土资源行政主管部门编制。

编制地质灾害防治规划的主要任务是明确地质灾害防治的目标，各时期的工作重点，各地、各部门的职责，应该采取的主要措施和方法，一定时期内需重点发展的防灾技术手段等。

地质灾害防治规划应包括下列内容：

地质灾害现状和发展趋势预测，防治原则和目标，易发区、重点防治区、危险区的划定，总体部署和主要任务，防治措施，预期效果等。地质灾害防治规划经主管部门批准后，报同级人民政府批准实施（图5-1）。

山东省人民政府

鲁政字〔2014〕66号

山东省人民政府
关于组织实施山东省地质灾害防治
规划（2013—2025年）的通知

各市人民政府，各县（市、区）人民政府，省政府各部门、各直属机构，各大企业，各高等院校：

省政府同意《山东省地质灾害防治规划（2013—2025年）》（以下简称《规划》）。现就做好《规划》的组织实施工作通知如下：

一、各级政府、各有关部门要坚持"预防为主、避让与治理相结合和全面规划、突出重点"以及"属地管理、分级负责"的

— 1 —

原则，及时修订本级地质灾害防治规划，积极开展地质灾害防治工作，全面建成地质灾害调查评价体系、监测预警体系、防治体系和应急体系，努力减轻和避免地质灾害可能给人民群众生命财产造成的损失，促进全省经济社会和谐发展。

二、各市以及地质灾害防治任务较重的县（市、区），要多渠道筹措资金，认真编制年度汛期地质灾害防治预案，开展地质灾害详细勘查，科学运用监测预警、撤迁避让和工程治理等多种手段，有效规避灾害风险。要充分发挥专业监测机构作用，开展地质灾害群测群防工作。要定期检查督促，确保完成地质灾害防治任务。

三、各级政府是《规划》实施的责任主体，政府主要负责人对辖区内地质灾害防治工作负总责。要按照《地质灾害防治条例》和《规划》的要求，严格落实防治责任，做到政府组织领导、部门分工协作、全社会共同参与。对工程建设引发的地质灾害隐患，要坚持谁引发、谁治理，明确责任单位，落实治理责任。

《规划》由省国土资源厅负责印发。

2014年3月24日

— 2 —

▲ 图5-1 实施地质灾害防治规划的通知

地质灾害防治预案

年度地质灾害防治方案

县级以上地方人民政府国土资源主管部门，会同本级地质灾害应急防治指挥部成员单位，依据地质灾害防治规划，拟订本年度的地质灾害防治方案，报县级以上人民政府批准并公布实施。年度地质灾害防治方案要标明辖区内主要灾害点的分布，说明主要灾害点的威胁对象和范围，明确重点防范期，制订具体有效的地质灾害防治措施，确定地质灾害的监测、预防责任人。

1. 地质灾害隐患点防灾预案

地质灾害隐患点防灾预案，包括灾害隐患点基本情况、监测预报及应急避险撤离措施等。

（1）灾害隐患点基本情况：介绍地质灾害隐患点位置、规模及变形特征、危险区范围、诱发因素及潜在威胁对象等。

（2）监测预报：明确防灾责任单位、防灾责任人、监测员、监测的主要迹

——地学知识窗——

地质灾害评价体系

地质灾害评价体系又称地质灾害评估体系。由不同方面、不同层次、不同类型的地质灾害评价组成的整体称为地质灾害评价体系。一次地质灾害事件或一个地区的地质灾害评价由危险性评价、易损性评价和破坏损失评价组成。根据地质灾害评价的范围和精度，分为点评价、面评价和区域评价；根据地质灾害评价时间分为灾前预测评价、灾中跟踪评价、灾后总结评价。各种评价虽然目的、要求不尽相同，但基本内容和技术方法基本相近，它们组合在一起，构成地质灾害评价体系。

象并做好监测记录。发生临灾前兆时，必须尽快查看，做出综合判定，迅速疏散人员，并报告当地政府部门。

（3）应急避险撤离措施：指定预定避灾地点、预定疏散路线、预定报警信号、报警人。由县级地质灾害应急指挥部具体指挥协调，组织建设、交通、水利、民政、气象等有关部门的专家和人员及时赶赴现场，加强监测，采取应急措施。

2. 突发性地质灾害应急预案

编制突发性地质灾害应急预案，是及时发现临灾迹象、及时撤离、减少人员财产损失的有效措施。由县国土资源管理部门负责编制本县地质灾害应急预案，报县人民政府批准后生效。

应急预案主要内容应包括：

（1）总则：说明编制预案的目的、工作原则、编制依据、适用范围等。

（2）组织指挥体系及职责：明确应急处置各级机构、负责人及各自的职责、权利和义务，以突发事故应急响应全过程为主线，明确事故发生、报警、响应、结束、善后处理处置等环节的主管部门与协作部门；以应急准备及保障机构为支线，明确各参与部门的职责。

①应急机构和有关部门的职责分工；

②抢险救援人员的组织和应急、救助装备、资金、物资的准备；

③地质灾害的等级与影响分析准备；

④地质灾害调查、报告和处理程序；

⑤发生地质灾害时的预警信号、应急通信保障；

⑥人员财产撤离、转移路线、医疗救治、疾病控制等应急行动方案。

（3）预警和预防机制：明确所有地质灾害隐患点的信息监测体系及监测负责人，报告制度，预警预防行动负责单位，预警支持系统，预警级别及发布。灾情险情报告（明确报告程序、内容、接收报告的部门及应当做出的反应）。

（4）应急响应：发生突发性地质灾害或险情后，首先由所在地乡镇政府负责做出应急反应，组织人员赶赴现场抢险救援。县政府启动并组织实施相应的突发性地质灾害应急预案。同时，县指挥部率各相关成员单位立即赶赴现场，统一指挥现场抢险救援。县指挥部在核实地质灾害或险情的初步情况后，向县政府提出预警级别建议，由县政府发布预警。发生大型、特大型突发性地质灾害，或县政府对事态难以完全控制，由县政府决定向省、市人民政府请求紧急援助。

（5）后期处置：包括善后处置、社会救助、保险、事故调查报告和经验教训总结及改进建议。

（6）保障措施：包括通信与信息保障（建立各级别地质灾害信息采集、处理制度），应急支援力量与装备保障，技术储备与保障，宣传、培训和演习，监督检查等。

（7）责任追究：对于在应急抢险中不按规定执行和引发地质灾害的相关责任人，进行责任追究。

3. 地质灾害预报制度

县级人民政府国土资源主管部门和气象主管机构加强合作，联合开展地质灾害气象预报预警工作，并将预报预警结果及时报告本级人民政府，同时通过媒体向社会发布。当发出某个区域有可能发生地质灾害的预警预报后，当地人民政府要依照群测群防责任制的规定，立即将有关信息通知到地质灾害危险点的防灾责任人、监测人和该区域内的群众；各单位和当地群众要对照"防灾明白卡"的要求，做好防灾的各项准备工作。

地质灾害报告制度的主要内容包括：规定发生不同规模地质灾害灾（险）情的报告时限、报告内容等。

（1）报告时限和程序：县级人民政府国土资源主管部门接到当地出现特大型、大型地质灾害报告后，应在4小时内速报县级人民政府和市级人民政府国土资源主管部门，同时可直接速报省级人民政府国土资源主管部门和国务院国土资源主管部门。

县级人民政府国土资源主管部门，接到当地出现中、小型地质灾害报告后，应在12小时内速报县级人民政府和市级人民政府国土资源主管部门，同时可直接速报省级人民政府国土资源主管部门。

（2）报告内容：灾害报告的内容主要包括地质灾害险情或灾情出现的地点和时间、地质灾害类型、灾害体的规模、可能的引发因素和发展趋势等。对已发生的地质灾害，速报内容还要包括伤亡和失踪的人数以及造成的直接经济损失。

4. "三查"制度

"三查"制度主要内容包括：规定在辖区内组织以汛前排查、汛中检查、汛后核查范围、方法和发现隐患后的处理方法等。

（1）汛前排查：在本年度地质灾害防治方案编制前完成辖区地质灾害排查，确定地质灾害隐患点（区），落实汛期各项地质灾害防灾责任和制度。

——地学知识窗——

地质灾害气象预报预警等级

地质灾害气象预报预警等级划分为五级：一级为发生地质灾害可能性很小，二级为发生地质灾害可能性较小，三级为发生地质灾害可能性较大，四级为发生地质灾害可能性大，五级为发生地质灾害可能性很大。其中一、二级不发布预报；三级为注意级，发布预报，提醒公众和相关部门提高警惕，对预报区地质灾害点进行巡查，发现险情及时处理和报告；四级为预警级，发布预警，加强预报区地质灾害危险点、隐患点（区）的群测群防工作，随时准备启动地质灾害应急预案；五级为警报级，发布警报，并立即启动地质灾害应急预案，做好预报区受地质灾害威胁人员和财产的转移、救灾物资的运输等应急工作。

排查结束后，及时编制地质灾害排查报告，并将报告主要内容通报当地人民政府以及相关部门。

针对降雨天气，尤其持续降雨或大到暴雨，县国土资源主管部门应组织专人分组分片对所辖地质灾害易发区，尤其是交通干线、人口聚集区、工矿企业、山区沟谷等进行巡查，观察斜坡、沟谷状况，及时发现地质灾害险情；乡（镇）人民政府应组织村社干部，依靠并发动群众，对房前屋后斜坡、沟谷等地进行巡回观察，遇有险情及时报告。

（2）汛中检查：县、乡两级群测群防组织在汛中重点检查责任制落实，宣传培训到位，各项防灾措施部署，监测人员上岗等情况。检查结束后，及时编制地质灾害汛中检查报告，并将主要内容通报当地人民政府以及相关部门。

（3）汛后核查：县、乡两级群测群防组织在汛期结束后，对年度地质灾害防治方案、地质灾害隐患点（区）防灾预案执行情况进行全面核查。核查结束后，及时编制地质灾害核查报告，并将主要内容通报当地人民政府以及相关部门。

5."两卡"发放制度

"两卡"指地质灾害防灾工作明白卡和地质灾害避险明白卡。

由县级人民政府国土资源部门，会同

乡镇人民政府组织填制地质灾害防灾明白卡和地质灾害避险明白卡。地质灾害防灾明白卡由乡镇人民政府发放防灾责任人，地质灾害避险明白卡由隐患点所在村负责具体发放，向所有持卡人说明其内容及使用方法，并对持卡人进行登记造册，建立两卡档案。

6. 临灾应做好的准备工作

若遇到突降暴雨或连续多日降雨时，地质灾害应急指挥部应当做好启动应急预案的准备，24小时值班。并通知各部门做好启动应急预案准备（检查物资储备、设备、人员到位情况）。

地质灾害群测群防体系

地质灾害群测群防体系，是指地质灾害易发区的县（市）、乡（镇）两级人民政府和村（居）民委员会，组织辖区内企事业单位和广大人民群众，在国土资源主管部门和相关专业技术单位的指导下，通过开展宣传培训、建立防灾制度等手段，对崩塌、滑坡、泥石流等突发地质灾害前兆和动态进行调查、巡查以及简易监测，实现对灾害的及时发现、快速预警和有效避让的一种主动减灾措施。

1. 群测群防网络体系的构成

地质灾害群测群防体系由县、乡、村三级监测网络和群测群防点，以及相关的信息传输渠道和必要的管理制度所组成（图5-2）。

2. 地质灾害群测群防体系的职责

县级：县级人民政府负责本辖区内群测群防体系的统一领导，组织开展防灾演习，应急处置和抢险救灾等工作，负责统筹安排辖区内群测群防体系运行经费。县级国土资源主管部门具体负责全县群测群防体系的业务指导和日常管理工作，组织辖区内地质灾害汛前排查、汛中检查、汛后核查，宣传培训，指导乡、村开展日常监测巡查及简易应急处置工程，负责组织专业人员对下级上报的险情进行核实，负责组织指导辖区内群测群防年度工作总结。

——地学知识窗——

地质灾害应急防范"明白卡"

　　根据已圈定的地质灾害危险点、隐患点，由政府部门填制的简易卡片，统称为"明白卡"。主要将地质灾害的基本信息，诱发因素，危害人员及财产，预警和撤离方式，以及政府责任人等，落实到乡（镇）长和村委会主任以及受灾害隐患点威胁的村民，并向村民详细解释具体地质灾害防治内容。

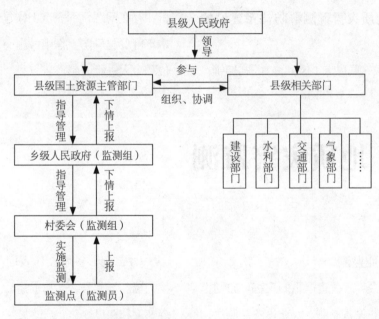

🔺 图5-2　地质灾害群测群防体系构成

　　乡级：在县级人民政府及其相关部门的统一组织领导下，乡级人民政府具体承担本辖区内隐患区的宏观巡查，督促村级监测组开展隐患点的日常监测。协助上级主管部门开展汛前排查、汛中检查、汛后核查，应急处置，抢险救灾，宣传培训，防灾演习。做好本辖区内群测群防有关资料汇总、上报工作，完成辖区内群测群防年度工作总结。

村级：参与本村地域内隐患区的宏观巡查，负责地质灾害隐患点的日常监测，并做好记录、上报。落实临时避灾场地和撤离路线，规定预警信号，准备预警器具；在上级群测群防管理机构指导下，填写避灾明白卡，向受威胁村民发放。一旦发现危险情况，及时报告，按照上级命令，及时组织群众疏散避灾；经上级主管部门授权，在危急情况下可以直接组织群众避灾自救。

3. 地质灾害群测群防体系建设的主要工作

地质灾害隐患点（区）的确定与撤销；地质灾害群测群防责任制建立；监测员的选定和培训；制度建设；信息系统建设。

4. 群测群防工作的总结

各级群测群防机构在每年汛期结束后，应当对本辖区的地质灾害群测群防工作进行总结。主要内容包括：本年度监测点概况、主要变形特征、变形趋势分析、日常监测工作等体系运行情况。本年度防灾减灾效果，成功和失败的典型案例分析，存在问题，下一步工作建议等。对在本年度群测群防工作中做出突出贡献的单位和个人进行表彰。

地质灾害监测

1. 专业监测

对规模大、危害严重的灾害点原则上是采用专业设备监测。专业设备监测法，指机械—电子位移传感器观测法、精密大地测量观测法（视准线法、交汇法）、全球卫星定位系统（GPS）观测法，一般只用于危险性大、危害严重的地质灾害的精密测量（图5-3）。监测对象和内容：

（1）变形斜坡坡体表面裂缝，建筑物的墙、地面裂缝，房前屋后人工边坡裂缝宽度和深度变化；

（2）房前屋后人工边坡挡墙平整度〔凹凸、开裂、渗水或渗沙（泥）、错落〕变化；

（3）坡脚和坡面地下水水量、混浊度（泥沙含量）、颜色、流动（渗出）形

▲ 图5-3 进行专业监测

态（管状、面流状）变化；坡面地表水渠（明渠或引水管）、蓄水池渗漏程度；

（4）山坡树木（主要是乔木）生长形态（倾斜度和方向）变化；

（5）斜坡上水田、果园、菜地、水渠（明渠或引水管）等的平整性（倾斜、错落）变化；

（6）山坡或沟谷松散物变化情况、堆弃物（泥沙、矿渣、人工垃圾）流失、冲刷、淘蚀程度；

（7）岩质山坡危岩（滚石）基座松动、岩石开裂变化、块石脱落情况；

（8）沟谷河（溪）水流量、混浊度（泥沙含量）、颜色变化。

2. 简易监测

（1）隐患区定期巡查：巡查内容包括：地质灾害隐患点、房前屋后高陡边坡是否变形开裂、掉土块或沙土剥落；村庄、民房后山斜坡上的引水渠、蓄水池、水塘等水利设施是否渗漏；房屋等建筑物墙、地面是否有开裂、下错或变形加剧；沟谷河（溪）水混浊度（泥沙含量）、颜色变化；降雨情况，是否大于常年同期水平；民房后山斜坡上泉水混浊度（泥沙含量）、颜色、水量变化。

（2）滑坡简易监测方法：斜（边）坡拉线法，木桩法，建筑物裂缝刷漆、贴纸法，旧裂缝填土陷落目测法（图5-4）。

（3）崩塌简易监测方法：斜（边）坡裂缝木桩法、斜（边）坡掉土块或沙土剥落目测法。

——地学知识窗——

地质灾害监测

地质灾害监测是指运用各种技术和方法，测量、监视地质灾害活动以及各种诱发因素动态变化的工作。其中心环节是通过直接观察和仪器测量，记录地质灾害发生前各种前兆现象的变化过程和地质灾害发生后的活动过程。此外，地质灾害监测还包括对影响地质灾害形成与发展的各种动力因素的观测，如降水、气温等气象观测；水位、流量等陆地水文观测；潮位、海浪等海洋水文观测；地应力、地温、地形变、断层位移和地下水位、地下水化学成分等地质、水文地质观测等。

图5-4　滑坡简易监测

3. 野外监测仪器保护

设立标志牌，注明仪器的作用及监测人、设立单位、联系电话；监测仪器设立围栏或仪器保护箱。

4. 监测资料分析整理与汇交

设立监测资料管理制度：监测人在汛期或规定时间内做好记录，正常情况每年监测期结束后统一交到所在地的乡镇国土资源所保管。国土所造册登记，并编制观测记录汇总表上报当地国土资源局备案。

汇总表内容至少应有：地灾点编号（最好有全国统一使用的灾调统一编号和当地使用的编号或野外编号）、灾害类型、位置、监测时间（×年×月×日至×月×日）、监测人姓名、责任人姓名；出现异常的时间、迹象，是否造成损失或人员伤亡和损失金额、人员数，是否有报告和报告情况，应急处置措施。

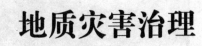

地质灾害治理

1. 工程措施

（1）防治滑坡的主要工程措施：防治滑坡的工程措施很多，归纳起来分为三类：一是消除或减轻滑破造成的危害；二是改变滑坡体外形、设置抗滑建筑物；三是改善滑动带土石性质。

由于滑坡成因复杂、影响因素多，因此常常需要上述几种方法同时使用、综合治理，方能达到目的（图5-5）。

（2）防治崩塌的工程措施：防治崩塌的工程措施主要有：遮挡，拦截，支挡，护墙、护坡，镶补沟缝，刷坡（削坡），排水（图5-6）。

（3）防治泥石流的工程措施：防治泥石流的工程措施主要有：跨越工程（修建桥梁、涵洞），穿过工程（修隧道、明硐和渡槽），防护工程（护坡、挡墙、顺坝和丁坝等），排导工程（导流堤、急流槽、束流堤等），拦挡工程（拦渣坝、储淤场、支挡工程、截洪工程等）。对于防治泥石流，采取多种措施相结合比用单一措施更为有效（图5-7，图5-8）。

2. 生物措施

生物措施是防治水土流失，减轻崩、滑、流灾害的主要措施之一。坡面植被覆盖率低、乱砍滥伐现象严重，生态环境恶化，是造成水土流失的主要原因。许多崩、滑、流灾害，即是水土流失恶性发展的直接结果。可以说，崩塌、滑坡、泥石流与水土流失之间互为因果关系。

可减轻崩、滑、流灾害的生物措施主要有：植树造林、封山育草，改良耕作技术以及改善对生态环境有重要影响的农、牧业管理方式等。其主要作用是：保护坡面、减少坡面物质的流失量、固结土层、调节坡面水流、削减坡面径流量、增大坡体的抗冲蚀能力等。它是一项既经济又有效的治本措施，具有投资少、收益快、易被群众接受等优点。

治理前

治理后

▲ 图5-5　燕翅山滑坡工程治理

▲ 图5-6　崩塌灾害工程治理

▲ 图5-7　泥石流工程治理（拦截坝、导流槽）

🔺 图5-8 泥石流工程治理（挡土墙、拦截桥）

对于崩、滑、流的生物治理应从水土保持入手，以改善农、牧业生产条件为目标，做好生物规划设计，根据具体地区的环境、地形特点，合理配置林型、树种、草类，实行水、林、田综合治理，推行乔、灌、草并举的治理原则。如对泥石流的治理，可具体规划在泥石流形成区（中上游），造沟坡水源涵养林和沟谷水土保持林，泥石流堆积区（下游）以护滩固堤林和防风护田林为主。然后，再根据地区环境、地形、海拔、坡向、坡体类型等，配置具体树种、草种及行、株距等。同时加强林木管护，划定耕、牧区，陡坡停耕还林，提高造林技术等。

——地学知识窗——

地质灾害防治非工程措施

地质灾害防治非工程措施，是指为防治地质灾害所采取的工程措施以外的其他办法。主要包括各种资源保护和环境治理措施。如限制地下水开采量、调整地下水开采层以及人工回灌地下水等。对于那些地质灾害威胁严重而又难以进行有效防治的城镇、村庄和重要工程设施，进行搬迁或灾前撤离疏散，也属于防治灾害的非工程措施。

参考文献

[1]段永侯. 中国地质灾害[M]. 北京: 中国建筑出版社, 1993. 1-32

[2]中国地质环境监测院. 地质灾害科普知识手册[M]. 北京: 中国时代经济出版社, 2006.1-64

[3]国土资源部人事教育司, 地质环境司, 中国地质环境监测院. 滑坡崩塌泥石流防灾减灾知识读本
[M]. 北京: 地质出版社, 2010.1-91

[4]国土资源部地质环境司, 国土资源部宣传中心. 地质灾害科普知识[M]. 北京: 地质出版社,
2008.56-76

[5]中国地质调查局. 地质灾害预防32问[M]. 北京: 地质出版社, 2008.9-32.

[6]中国地质调查局. 地质灾害预防指南[M]. 北京: 地质出版社, 2008.1-2.

[7]国务院令第394号. 地质灾害防治条例. 2004.1-6

[8]中国地质环境监测院. 地质灾害灾情险情报告. 中国地质环境信息网. 2014.1-2

[9]山东省地质环境监测总站. 山东省山丘区1:5万县（市、区）地质灾害调查与综合研究报告. 山东
省地质环境监测总站. 2013.70-99